床的装饰设计资料集

THE DESIGN DIRECTORY OF BEDDING

[美] 杰基·冯·托贝尔（Jackie Von Tobel） 著

韩晶 译

华中科技大学出版社
http://www.hustp.com
中国·武汉

图书在版编目(CIP)数据

床的装饰设计资料集 / (美)杰基·冯·托贝尔 (Jackie Von Tobel) 著；韩晶译.
－武汉 ：华中科技大学出版社，2019.11
ISBN 978－7－5680－4206－2

Ⅰ.①床… Ⅱ.①杰… ②韩… Ⅲ.①床上用品－装饰设计 Ⅳ.①TS941.75

中国版本图书馆CIP数据核字(2019)第182381号

简体中文版由 Gibbs Smith 出版社授权华中科技大学出版社有限责任公司在中华人民共和国（不包括香港、澳门和台湾）境内出版、发行。
湖北省版权局著作权合同登记　图字：17-2019-066 号

床的装饰设计资料集　　　　　　　　　　　　　[美] 杰基·冯·托贝尔

CHUANG DE ZHUANGSHI SHEJI ZILIAO JI　　　　　(Jackie Von Tobel)　著

韩晶　译

出版发行：华中科技大学出版社（中国·武汉）　　　电话：（027）81321913
　　　　　武汉市东湖新技术开发区华工科技园　　　邮编：　430223
出　版　人：阮海洪

策划编辑：彭霞霞　　　　　　　　　　　　　　责任监印：朱　玢
责任编辑：彭霞霞　　　　　　　　　　　　　　美术编辑：张　靖

印　　刷：武汉市金港彩印有限公司
开　　本：889 mm×1194 mm　　1/16
印　　张：32
字　　数：250千字
版　　次：2019年11月第1版第1次印刷
定　　价：298.00元

序言

近些年，我渐渐从设计转向写作。在我从事室内设计工作时，客户需求的重点，通常是想要一间漂亮的卧室。他们希望拥有一个逃避喧嚣的天堂，一个休养生息的乐园，一个流露个性的私密空间，尤为重要的是，一个能让人轻柔沉迷其间的舒适梦乡。

卧室是个人静居之处，本书第二章表达了我对卧室的重视。从我和妹妹朱莉第一次收到一床圆点雪尼尔床单那天起，我就开始了卧室装饰之旅。我装点了我的双层床，床篷笼罩着华丽的床单，为硬纸板装上垫子，改造出美轮美奂的娃娃床。当我成了设计师，我对定制寝具和卧室设计的热情促使我不断拓展知识，寻求创意。

我多年潜心研究床品设计，收集了来自世界各地的创意。这本书所包含的研究成果，涵盖了基础的设计原理、无数的灵感和翔实的资源，汇集了较为完备的床的装饰设计创意和教学指南。

本书是设计师、工作室专业人员和DIY爱好者的必备宝典。通过简明的定义、直观的罗列和详尽的描述为床的装饰设计提供了全面的指引。本书集萃了1000多件单品和套件的设计，旨在激发读者的创造力，打破设计局限。

设计术语的标准化定义将有助于读者进行有效的业内沟通。

本书中所有彩色插图的黑白线条图均收集在本书所配套的数字资源中。您可以将它们下载或打印，按照自己的喜好重新配色。本书所配套的数字资源还包含详细的工作表和服务需求表。

数以百计的设计师和房主一直鼓舞和激励着我。我非常高兴能分享这些信息与灵感，希望您可以将个人的感受与创作结合在一起，形成独一无二的设计。

Jackie Von Tobel

如何使用这本书

本书旨在简化设计的复杂过程，以便助您布置一个美丽、个性、舒适的卧室，使其既美观，又实用。本书包含数百种创意和应用设计，它们将激发您自己的创造力，形成个人独特的设计。每个章节都将帮助您做出至关重要的决策，以实现最终的成功。

设计：使用第一章概述的基本原理和计算方法，测量床具，分析空间并计算基本比例，然后着手布局和建构设计。

面料：选择将要使用的面料的纤维、织法、图案、手感和颜色。

组件：确定所有寝具的组成元素，以形成最终的效果。

款式：直接从本书众多的完整设计中选择，或选择不同组件，组合出全新的样式。

美化：最后的润色将使设计独具特色。

硬件：如果您的设计需要硬件支持，务必选择合适的硬件类型和样式，以及与设计相匹配的安装技术。

工作室：将您的需求有效、准确地告知您的设计工作室，以确保您的床品设计能正确实施。

本书配套数字资源，通过扫描二维码可获取本书中所有插图的黑白线条图，工作表亦在其中。书中的图像旨在抛砖引玉。可在黑白图纸中添加自己所需的颜色或图案，探索每种设计的多种可能性。将图纸与工作表系统结合在一起，可为工作室建立准确、易于理解的工作图纸。

资源配套说明

扫描二维码可获取本书配套资源，包含了本书中所有图纸和工作表。可以使用计算机上的图形处理软件直接打印这些图片，也可以将其拖动到图形处理软件（如Photoshop）中调整大小或进行编辑。还可以将图像拖动到Microsoft Word中调整大小并进行打印，而且还能按照所需的样式进行着色。

图纸按照床上用品类型和插图编号分别列出：

（1）床裙 100~138。

（2）床罩 201~266。

（3）枕套 300~398。

（4）装饰枕头 400~438。

（5）枕头 441~813。

（6）床头板 817~942。

（7）床幔 950~1106。

（8）天篷床 1111~1177。

（9）沙发床 1181~1213。

（10）最后润色 0155~0185。

（11）工作表系统。

数字资源使用方式：

此资源为压缩文件，建议手机扫描二维码后复制下载地址到电脑PC端下载。

1.手机扫描二维码，进入登录/注册页面，完善个人信息；

2.登录后即可获取下载地址，将地址复制到电脑PC端点击即可下载。

数字资源获取方式：

图书素材

切记，这些图纸受到版权保护，仅供个人使用，严禁转售图片。

常用床品

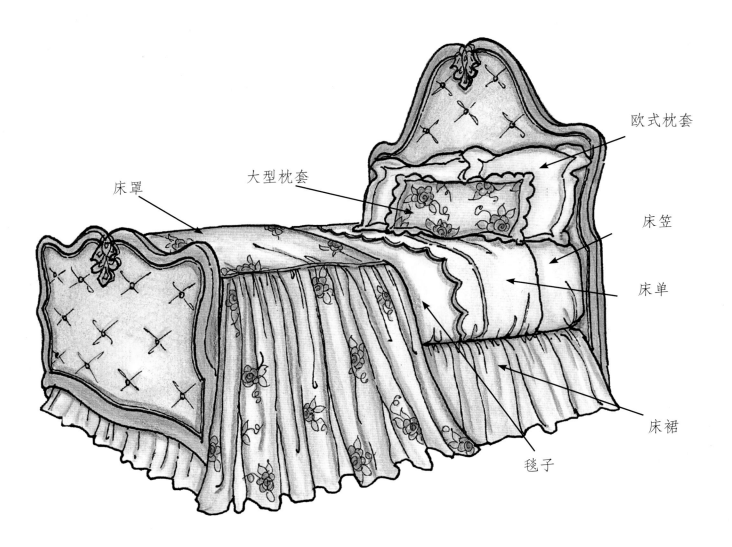

床罩

大型枕套

欧式枕套

床笠

床单

床裙

毯子

目 录

床上用品设计基础

　　如今的床上用品（简称"床品"）组合千变万化，从简单干净的现代设计到层帘叠帐的传统样式应有尽有，但是基本要素却是万变不离其宗的。

・床上用品：顶片、底片、枕套、保温毯。

・床盖：羽绒被、床罩、被芯、床单、床笠、床垫罩。

・枕套：西式枕套、传统枕套、装饰枕套、圆颈枕套、长靠枕套。

・床幔：床冕、床冠、山墙、檐口、帷幔。

・床篷：全冠、半冠、开放式、半幅天篷、全幅天篷。

・床裙：一体式床裙、拼接式床裙。

设计床品时，应当始终遵循基本的设计原则。将这些原则与对产品的认知及对可选资源的了解相结合，就能创造出实用与美观兼备的完美设计。

基本设计原理分为五类。

特点和功能：床品的许多独特元素的特点和功能具有实用性，可通过实际应用来实现。

设计原则：床品设计应在适当、美观的基础上满足功能性需求。设计原则可用于评估卧室的功能和美观，也能够评估选用的床品。

设计要素：设计要素是指确保设计原理得以应用的工具和原材料。

经验法则：计算床品正确比例的一组规则。

面料和加工规范：卧室的软装规范是制作过程中应遵循的规则和指导原则，用以确保床品的质量。

特点和功能

床上用品的许多独立元素的特性和功能具有实用性，可通过实际应用来实现。

设计

(1) 创造出引人注意的风格和视觉呈现。

(2) 让设计更加轻柔、温暖。

(3) 丰富床榻的风格、线条和尺寸。

(4) 丰富房间的建筑风格、线条和尺寸。

(5) 建立、保持或强化装饰主题。

(6) 创建一个焦点。

(7) 注重建筑细节。

功能

(1) 采用柔软的填充材料和纤维，以确保舒适度。

(2) 采用特殊支撑工艺，以改善健康状况。

(3) 采用温度控制，冬季保暖、夏季降温。

(4) 采用帷幔，以营造私密空间。

(5) 控制粉尘和虫害。

掩盖

(1) 隐藏暴露的硬件和不美观的金属床架。

(2) 隐藏床箱。

(3) 软化线条。

(4) 隐藏建筑缺陷。

视觉差

(1) 调节床的外观、款式和尺寸。

(2) 平衡房间的比例。

效能

(1) 减少房间内气流。

(2) 保持适当的温度。

设计原则

床品设计应在适当、美观的基础上满足功能性需求。设计原则可用于评估卧室的功能和美观，亦可用于评估选用的床品。

占比：占比是床品的各个组成部分与整体之间在形状和尺寸上的比例关系。调控好占比，才能达成个体与整体之间在尺寸与比例上的平衡与和谐。

比例：单个元素的相对大小，既用于描述全套床品的规模，也用于描述面料上图案的规模。设计必须照顾到房间与所选用的床品的比例关系，同时还需兼顾床品本身各种面料上的图案的比例，以确保它们之间的和谐平衡。

平衡：指设计中所使用的各种设计要素之间均匀、稳定或均衡的状态。平衡的类型有两种。
（1）对称是指设计的两边是相同的，或镜像的。
（2）不对称是指设计的两边不相同，但是通过某中心要素实现了平衡或均势。

辐射：要素从中心点向外发散，呈辐条状或同心圆排列。

节奏：为实现平衡与和谐而在设计方案中采用的设计要素的连接方式。节奏的类型有三种。
（1）过渡是指通过装饰、色彩或线条等要素来营造视觉上的韵律感。
（2）渐变是指通过尺寸的增减改变形状或以特定顺序调节色彩的明暗来营造视觉上的韵律感。
（3）重复是指反复使用某种颜色、纹理或要素。

重点：通过颜色、图案或要素来突出设计的焦点。

和谐：一体化与多样性相结合。设计方案中，各要素的运用应有助于营造各组成部分间的融合统一；同时，又必须保持不同组成部分必要的多样性，最终创造出令人愉悦的平衡性与和谐感。

设计要素

设计要素是指确保设计原理得以应用的工具或原料。

空间：空间制约着设计的功能性和装饰性。可使用图案、色彩、线条和不透明度来调节设计的视觉效果。

光线：改变和调控床具周围光线的途径有很多种。

线条：线条在设计中可以塑造方向感、和谐感和平衡感。线条可用于调控床榻的比例和外观。垂直线条可增加高度感，而水平线条则可增加宽度感。

色彩：色彩的选用可以实现设计方案的视觉冲击力。

纹理：表面的平滑或粗糙会影响制作物的视觉效果。平滑、亮泽的表面看上去更正式、精致，而粗糙的表面看上去则更休闲、舒适。

图案与修饰：使用某种图案和修饰，可以激发设计的戏剧性、兴奋感或吸引力。

形式和形状：改变或调整设计的整体形式和形状，可以平衡和协调床品的组合。

经验法则

虽然好的设计有时需要我们打破条条框框的束缚，但是总有一些经验法则值得借鉴，以便计算出合理占比，然后开始我们的设计。

半数规则：垂直方向的等分看上去并不美观，因此在设计中，千万不要将任何要素等分，会使床榻看起来像被切成两半。例如，当计算床垫上的床盖的下摆长度时，应该露出床裙的三分之一，而不是一半。

三或奇数法则：人眼习惯将三个或奇数个物体分为一组，例如三个或五个一组，看上去会很舒服。在设计中，使用三个要素，可以将其中之一作为基础，另一个作为对比，最后一个作为补充。该法则适用于确定床品组合中单个物品的位置和数量。

五和六法则：在计算设计尺寸时，三和五的比率会带来最佳视觉效果。通过运用这些数学方法，可以计算出设计的最佳长度和宽度。在床品设计中，这些计算对于帘幔、床篷或冠冕的设计尤为重要。

示例
如果一个床帷成品长度为2.4米，固定于顶棚，在计算帘幔或檐口的适当长度时，需查看以下信息。

成品长度 ＝ 2.4米
2.4米÷5 ＝ 0.48米
2.4米÷6 ＝ 0.4米

根据这个经验法则，帘幔或檐口的成品长度应在0.4米到0.5米之间，才能确保比例适当。这个测量值也可以用来确定贴边等的长短。

要使用此规则计算垂波帘和大旗的尺寸，请查看以下内容：
垂幔长度 ＝ 制作物总长度的1/5；
大旗长度 ＝ 制作物总长度的3/5。

面料和加工规范

　　床品的设计和加工需要仔细规划并执行到位，才能生产出舒适、耐用的产品。床品是室内设计中唯一设计的用来直接接触人体皮肤的产品。在规范面料和加工时，必须满足一些具体的挑战和要求。

面料的考量和准备

　　选择床品面料时，应该考虑以下关键因素。

　　（1）面料的耐用性和耐洗性是床品设计中的关键。

　　（2）如果选用可洗涤的面料，如棉布或棉混纺，应在加工前进行预洗。

　　（3）预洗时，请先检查一小块面料的色牢度。

　　（4）易损或质地松散的织物，如亚麻布和某些棉布，在预洗前必须锁边，以避免脱线。

　　（5）丝绸等精细面料不应用于高磨损区域，也不应直接接触到身体的油污，以避免被脏污。

　　（6）对床品进行装饰时，要确保装饰物可干洗。如果不能清洁，应确保在床品清洗或干洗前装饰物可移除。

　　（7）选用面料时要考虑织物的触感及舒适度。应谨慎使用令皮肤刺痒或表面粗糙的面料，如羊毛和粗麻布。皮肤敏感性因素也应予以考虑。

　　（8）面料花位匹配，图案布局有致，才能达到理想的修饰效果。

　　（9）加工前，将布料图案合理布局于织物，并在订单上标注。

　　有纹理的面料（如天鹅绒）上的绒毛朝向会影响成品的色泽，加工前要确定绒毛的走向，确保在所有部件上都保持方向一致。

精细加工

（1）所有线缝都应采用包缝线迹锁边。

（2）如果使用开放式线缝，布边必须锁边，以达到成品的外观效果，避免脱线。

（3）在高应力区域，如床罩顶部、第二排或安全线缝，应特别留意。

（4）仔细地预留线缝。尽可能不要将线缝留在床罩顶部或侧面的中心。用面料的整个幅宽制作床罩的中间部分，在两侧下垂部分进行拼接。

（5）在加工结构复杂的床罩时，使用单个基座来固定各个部件，可以防止下垂、聚束和拉伸。

（6）始终留意花形的匹配，以隐藏线缝。

（7）选用与面料色彩协调的线加工织物。如果需要，可使用多种颜色。单丝可作为备选。

（8）装饰只能做在面料上，不要穿过衬里。

下摆加工

（1）加工床裙或靠枕的褶边时应翻转两次，暗缝缝合。

（2）避免使用明缝，除非是有意设计的样式。

（3）床裙上的标准下摆应双面翻转，以暗缝缝制在衬里上。

（4）在使用轻薄面料制作床裙或帘幔时，可选用褶皱下摆。

在下摆中利用帷幔或绳索的重量来控制顶片或垂巾的悬挂，这种做法也可应用于床裙的设计中。

合理衬垫

（1）必要时应选用衬里，如用于床裙。在许多情况下，采用对比织物作衬里，可使织物能正反两用。这一选项能增加设计的多功能性和灵活性。

（2）挺括的或毡制的衬布可有效替代在轻质衬套中所添加的棉絮。在枕套表面使用时，平添丰富、奢华之感。

在大多数情况下，羽绒被、被芯或床盖下侧不宜使用衬里。高级定制设计应选用对比、协调或坚实的织物作为里衬。

面料

面料是综合纤维、编织、色彩、图案和整理制造而成的产品。

纤维

纤维有天然的，如丝绸、亚麻和棉花等；也有人造的，如聚酯、尼龙和人造丝等。有的面料由天然材料制成，有的由人造纤维制成，还有的结合两者而成，例如聚酯和棉。每种纤维的质量都会对成品织物的性能产生影响。在选择合适的面料时，这些特性都应被考虑在内。

面料	特性	耐磨性	耐腐蚀性	耐光性	易燃性	保养
纯棉	垂坠感佳	较差	好	一般（未经处理时）	易燃（如不经处理）	可水洗
醋酸纤维	垂坠感佳	较差	较好	较好	燃烧迅速（如不经处理）	干洗
腈纶	垂坠感佳 有弹性	很好	很好	好	融化或燃烧	可水洗
改性腈纶	垂坠感佳 有弹性	很好	很好	好	不易燃	可水洗
尼龙	有静电	较好	较好	很好	融化	可水洗，轻压
聚酯纤维	防皱 有弹性	很好	好	好	融化，脱落	可水洗
人造棉	易延展	较差	较好	较好（需经处理）	像纸一样燃烧	按标签指示水洗或干洗

编织

面料的组织是指将纬纱和经纱编织在一起而织造出面料的织布方法或类型。复杂的、迥异的织造方法生产出特定类型的织物。

平纹组织：经纱和纬纱上下相间交织而成的组织。

缎纹组织：面料表面仅由经纱或纬纱组成，使织物表面平滑、亮泽。

斜纹组织：与平纹组织类似，但经纱以一定规则规律地跳过预定间隔，在织物上形成对角纹路。

方平组织：两根或多根经纱并排与两根或多根纬纱交替交叉形成的织物，类似于篮子的编织。

提花组织：在提花织机上制作的复杂图案。

重平组织：在经纱或纬纱方向用粗纱织成的平纹组织。

多臂提花组织：在面料结构中点缀小花纹或几何图形的装饰性组织。

纱罗组织：经纱成对编织，一根经纱缠绕于另一根经纱上，再与纬纱交织。

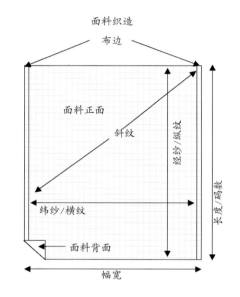

面料织造

布边

面料正面

斜纹

经纱/纵纹

纬纱/横纹

面料背面

长度/码数

幅宽

牛津布：在平纹组织或方平组织基础上加工而成的面料。通常用于衬衫制作。

割绒：面料表面由纱线的切割端绒头组成，如天鹅绒、平绒。

毛圈绒头：由毛圈组成的纱线绒头，如毛圈布的毛圈。

双针织物：双层厚度的圆筒针织布。

雪尼尔：由羊毛、丝绸、棉花或人造棉纱制成的带有绳绒的柔软织物。

着色

着色是使用染色或印花工艺将颜料或染料施用于纤维或成品织物的过程。

染色

匹染：对整匹面料进行染色。

原液染色：直接将染料添加到生产人造纤维的黏胶溶液中。该工艺将色彩锁定在纤维中，能有效抵抗因日晒造成的褪色。

纤维染色：在天然纤维纺成纱线之前进行的染色。

纱线染色：对纺成的纱线进行染色。

印花

手工印花：蜡染、丝印、刻版、手绘及雕版印花等。

半自动圆网印花：使用多个半自动丝网在织物表面印制不同的颜色和图案。

滚筒印花：用一组雕版的铜辊将色彩和图案印于织物上。

整理

　　整理是完成织造前对织物进行处理的工艺或流程。在室内设计中使用的面料平均需要经过六道工序的整理。面料着色后的整理分为两大类：标准和装饰。

标准

　　标准整理增加了织物的耐久度，或帮助其获取某些特性。常见整理工艺有以下几种：

抗菌：抑制霉菌，延缓衰朽；适用于医疗保健。

抗静电：消除静电。

织物保养：使织物更容易保养，如永久性抗压或抗皱。

阻燃：降低着火速度，减慢火焰蔓延，有助于织物自熄。

隔离：通常将泡沫制剂喷涂到织物背面，隔绝温度或噪声，如遮光衬里。

层压：将两种织物结合在一起的工序，如在衬套面料的乙烯基树脂后层压编织背衬。

防蛀：预防虫害。

防污：保护织物表面免受尘垢和污渍的污染。

吸水：提高织物的吸水性。

防水：降低织物的吸水性，如户外家具的衬套面料。

装饰

装饰性整理赋予面料特定的装饰效果或改善面料的外观。常见整理工艺有以下几种：

抗皱：使织物更加抗皱，有助于保持其挺括。

增艳：提亮织物中的颜色，增加持久度。

压延：将粉浆、釉料或树脂用强力辊强行压入织物，以达到特定的效果。

轧光：使用釉料增加织物光泽的整理工艺。

消光：从织物中除去不适当的光泽。

压花：使用刻花滚轮将立体图案压制在织物表面。

蚀刻：使用酸性化合物烧烫或腐蚀纤维，产生凹陷的图案。

植绒：由黏合在织物上的小纤维组成的装饰性图案。

法式蜡：最亮、最强的上光整理。

上光：无需添加树脂或淀粉，即可赋予织物光泽的工艺。

轧纹：在织物上压制出水印云纹图案。

起绒：织物纤维经刷洗后形成毛绒或短绒的整理工艺。

Panne：沿着特定方向压制丝绒或天鹅绒纤维以形成图案的压花技术。

起皱处理：使用酸剂让纱线形成皱褶的工艺。

后整理：整理工艺在面料制成后再进行。包括阻燃，层压及添加纸质、海绵或胶乳背衬等。

树脂喷涂：将树脂作为釉面或背衬喷涂于织物，以达到防水或防污的效果。

花形

可以在织物上通过提花或印花等方式点缀图案。在组合印花的情况下，织物中的印花花形覆盖于编织提花花形之上。

花形循环：指印花的重复，其大小应与织物比例相匹配。较大的花形循环应避免使用在狭小的区域，应在开阔区域使用并大面积外露。

花形对位：图案起止于布边，通常起止位置都只有一半图案。确保所有图案在织物的整个宽度方向保持位置一致，房间中其他面料的选配也应当遵循。

花形走向：图案纺织或印制在织物上，标准方向与织物的长相平行。如果图案是"纵向的"，则垂直于织物的长。

花形类型

小/迷你花形：密布的小巧图案往往被视为纹理，而非花形。通常可以用于调和色彩，并使面料看上去拥有质感。

大花形：大图案会使空间看起来显小，且易形成焦点、吸引注意力。大花形带来显著的提升感。

定向花形：条纹、格纹和花格等图案的走向具有方向性。可用来调节织物的水平、垂直或对角线方向的平衡点。这些花形必须精确对位，否则容易发生花形漂移或织物变形的情况。

光学花形：莫尔条纹、几何图案和圆点图案等都可以产生运动的错觉。这些花形可以模仿深度、投影和三维纹理。

随机花形：图案不对称或不均衡分布的花形，如大型花束图案、现代波纹图案等。这些图案动感十足，活力充沛。虽然此类花形具有随机性，但它们依然会在水平方向重复，且必须对位。

规整花形：图案在水平和垂直方向都规律地重复的花形被视为规整花形，包括条纹、花格、格纹及几何图形等。这类花形具有强烈的结构感和形式感。

花形走向

横向花形：花形从面料一侧边缘水平延伸到另一侧边缘。横向花形主要用于衬套，花形对位难度大。

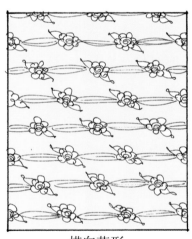

横向花形

纵向花形：图案沿织打开方向垂直延伸。大多数帷幔和衬套面料选用此类花形。

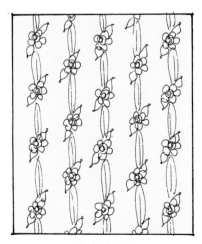

纵向花形

花形优势：许多面料的花形都包含主要图案和次要图案。规划花形布局时，要确定好需要突显哪种花形图案。

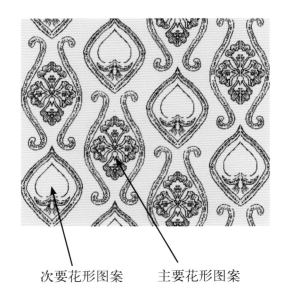

次要花形图案　　　主要花形图案

花位与花形对位

垂直与水平花位：织物表面上的图案在水平或垂直方向上重复循环，一次完整重复之间的距离即花位。

花形循环

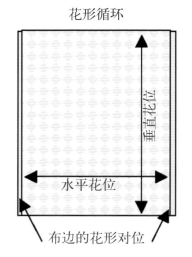

垂直花位

水平花位

布边的花形对位

双重花位：在诸如锦缎等表面有印花的织物上，锦缎自有的基本花形和印花花形必须同时对位。如果基础花形和印花花形不匹配，制作成床品后花形图案错位会非常明显。

小型花位：通常，小花形的面料似乎无所谓花位，而是在全幅长度上形成一个较大的循环。特别是在纵向使用时，可能会出现条带效应。遇到这种情况，唯一的办法是大面积查看织物。

平衡花形对位：重复的花形在织物的两侧边缘均是完整的图案。在这种情况下，当拼接裁切口时，线缝应穿过面料或次要图案，使主要图案上没有线缝。

半位对花：需要被重复的图案在织物的每个边缘被裁成一半。在这种情况下，当拼接裁切口时，线缝应穿过花形主图案的中心。

错位花形或错位对花：织物一侧边缘的花形无法与另一侧直线对准。织物右边缘的图案比左边缘向上或向下错位一半。因此，需要额外的织物来对位，在对位裁剪时有一半花位会被浪费。

直线花位或直线对位花形：花形在整个幅宽上沿直线分布，面料左右两侧图案相同。

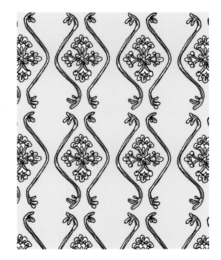

错位对花　　　　　　　　　　　直线对位花形

面料幅宽

准确掌握所选面料的全幅幅宽和可用幅宽，是正确计算所需面料数量的关键所在。

全幅幅宽：面料两侧边缘之间的尺寸。

可用幅宽：面料除去两侧布边余量之后实际剩余的宽度。

布边余量：从织物外缘向内延伸到花形对位边线的部分。这条线即花形对位时线缝所在的位置。这条线到布边部分的织物是粗糙的，缝合后不应在成品中外露。

家居装饰面料的幅宽多为1.4米，当然也有例外。布边余量或织物边缘不可用的部分通常在1.3~2.5厘米。人造棉和丝绒等面料布边非常宽，使用时必须从织物的可用幅宽中减去。掌握扣除布边和缝头之后的织物的"可用"宽幅非常重要。

常用幅宽	
标准帷幔及衬套面料	1.4米
纱帘	1.4米/1.5米/2.7米
加宽纱帘	2.7米/3米/3.2米
加宽提花布	2.9米~3米
部分高端丝绸或亚麻	1.07米~1.14米
女装布料	1.1米~1.5米
绗缝棉	1.1米
针织	1.5米
布衬	1.2米/1.4米/1.5米
加宽布衬	3米~3.2米

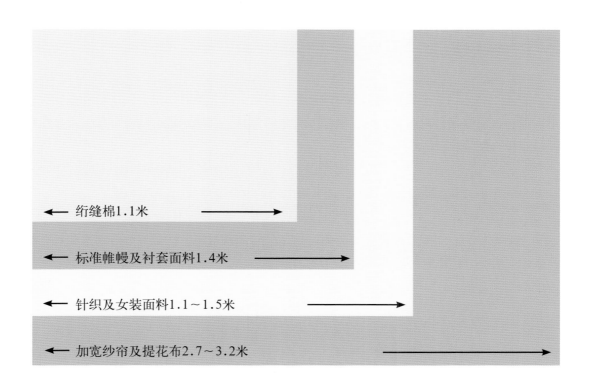

← 绗缝棉1.1米

← 标准帷幔及衬套面料1.4米

← 针织及女装面料1.1~1.5米

← 加宽纱帘及提花布2.7~3.2米

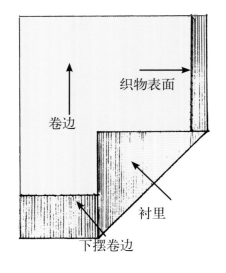

织物表面

卷边

衬里

下摆卷边

衬里

衬里在床品设计中应用广泛。它是一种工具，能够提升织物的效果。

（1）可增加织物的形体、高度及保温等的稳定性。
（2）防止褶皱。
（3）保持面料的挺括。
（4）减少透色。
（5）使外观看起来干净、精致、专业。
（6）增加稳定性和强度。

衬里种类

白色聚酯棉衬里：大多数厂商以此材质来制作衬里，除非另有指定。其质量和柔韧程度因供应商的不同而有显著变化。可向供应商索取标准衬里的样品，以确定是否符合自身需求。白色衬里有利于外层面料的色彩保真。

象牙色或米色衬里：比白色更柔和，而且可以巧妙地改变外层面料的颜色。

自衬或彩色衬里：当织物内侧需要外露时通常使用此种衬里。切记要综合考虑织物各个部分的外观。在许多情况下，使用自衬或对比衬里可以使织物双面可用，增加其功能。

法式或黑色衬里：当面料需要遮光及防止色彩及图案渗透时，可以使用此种衬里或夹层。当面料为浅色时，黑色衬里会使其稍微变灰。

遮光衬里：可用来最大限度地遮光。织物表面的针孔在白天会透光，在缝制前将遮光布置于胶水中浸泡，可避免形成针孔。过去，遮光衬里僵硬、沉重，难以加工。现在，很多供应商提供的新型遮光衬里材质有所改善，更柔软、韧性高、可保温、手感佳且易于缝合。床榻旁边的窗户，就非常适合选用以这样的织物加工而成的窗帘。

保温绒革衬里：比普通衬里重，且有橡胶隔离背衬。这是床榻周围的窗户可选用的绝佳的窗帘材质。

成套织物的衬里应该保持颜色一致。

夹层

夹层是位于面料和衬里之间的特殊织物。近年来，夹层的使用越来越受欢迎。

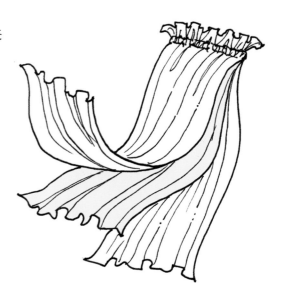

使用夹层有诸多好处。

（1）可使设计更加丰富饱满。
（2）可延长物品的使用寿命。
（3）添加保温层以降温或御寒。
（4）不使用僵硬的遮光衬里，也可达到遮光效果。
（5）使轻薄织物挺括。
（6）稳定松散织物。
（7）消除图案或色彩的渗色。
（8）使丝织品更具质感和稳定性。

夹层种类

大多数夹层是纯棉的薄毡或法兰绒制品。制作薄的床盖或绗缝被时，可用厚重的法兰绒夹层代替棉絮。也可用在枕头的绗缝面上。

（1）英式绒是一种厚实但柔软的夹层，它使织物看起来蓬松、厚重。

（2）厚重的法兰绒比普通夹层重，但没有台呢重。

（3）台呢是非常厚重的夹层。它使织物看起来沉重而僵硬。

（4）轻便夹层常用于帘幔、垂幔、大旗和小旗等。

如何使用夹层

（1）在丝织品上使用夹层。起绒布创造了厚实、蓬松的外观，轻便夹层则使外观显得更松脆、轻盈。

（2）在正式制作之前，将裁剪好的夹层放置24小时。夹层在轧机上滚动时会被拉伸，静置可使其回缩至原始尺寸。

（3）不要缝合夹层。通过与布边交叠加入，以减小厚度。

（4）现在有许多新型夹层及两用衬里，基本可以解决设计时可能遇到的任何特殊挑战。请咨询供应商或加工厂，或查阅本书后面的资源目录，以了解您可以借助的诸多选项。

主要面料术语

斜裁：与布料经纱呈45度夹角的裁剪法。这种切口赋予面料更好的悬垂感及更好的波浪曲线。剪裁前应先查看面料的印花。有些竖式印花斜裁后非常美观。

C.O.M.：客户自有材料。

克里诺林裙衬（又名"硬衬"）：一种大尺寸或硬质的织物，用作帷帘褶皱的底衬。

平纹（又名"填料""纬纱""纬线"）：织物中垂直于布边的丝线。平纹织物较轻薄。

剪裁余量：在测量基础上，为褶皱、帘头等预留的附加量。

剪裁宽度：需要加工的织物的总宽度，包括褶皱或其他任何预留宽度。

悬垂性：某种织物在悬垂时形成流畅曲面的能力。

错位对花：当沿幅宽方向穿过印花直线剪裁时，其中的图案无法在布边完美地拼接，就需要进行错位对花。在垂直方向，错开图案的一半高度，花形重复才能匹配。因此，需要预留额外的剪裁量。每次裁剪要增加一半的花位。这种情况在壁纸中也会经常出现。通常在样本中指定为错位对花。

染料批次：同时印染的一批织物。每完成一次印染，织物都会以一个新的染料批次而分类。不同染料批次的织物颜色也不同。在产品对颜色匹配度要求很高时，要尽量减少订购不同批次的染料。

制造：将原料制成成品的过程。

面料：面向大家的装饰性织物，背后是衬里。

卷边：面料缝合后产生毛边，翻转至背面则形成光边。帘幔的垂巾有时使用斜纹卷边来呈现角度的对比。

整理：织物处理流程，用以防止褪色或产生水痕。

阻燃面料：不会燃烧的面料。它有可能本身就阻燃，是用阻燃纤维制成的，例如聚酯纤维；或者它可以被处理成阻燃体，这通常需要改变纤维，使织物变硬。

法式缝：一种隐藏缝隙的缝合方式。常用于薄纱面料。

布纹：织物中的线的走向。可为横向或纵向。

手感：织物的触感。

错位一半的对花：图案在与布边水平方向重复的时候，需要下降一半的高度。当需要在帘盒、波圈、褶皱等处保持相同的设计或图案时，应在剪裁时仔细考虑对花因素。通常在样本中指定为错位一半。

直纹：织物中平行于布边的织线。织物在直纹方向最强韧。

起绒：纹理或设计保持同向的面料，如灯芯绒或天鹅绒。通常起绒织物会因观察方向的不同而呈现出不同的外观。因此使用起绒织物时，应在裁剪和缝合时注意保持纹理的方向一致。

花距（又名"花位"）：相同图案在给定长度间反复出现。花位可以是水平方向的，也可以是垂直方向的。

枕套（又名"枕头套"）：指面布和衬布缝合的一种方式，接缝通常有一个1/2英寸的"缝"，反转并压紧后，这种接缝就变成了成品的边缘。

　　横向加工：翻转布料是布边与制作物横向对应而不是纵向对应。这样加工2.9米幅宽的薄纱，可以使浅形褶穿过布边的一端，而不是裁剪的那一端。在某些制作物上，这种做法可减少布缝。

　　线缝：将两块织物缝合在一起形成的接缝。

　　缝头：连接织物时预留的缝合部分。

　　布边：织物展开方向的边，编织紧密，固紧纱线。

　　直纹：织物的纵向丝线平行于布边。

　　制表：测量制作物，在做最终润色前标记成品长度。

　　经纱和纬纱：指织物中纱线的方向。经纱是沿织物长度方向的纱线。纬纱是沿织物宽度方向的纱线，与经纱交织。

　　幅宽：指织物的单一宽度。织物的几个宽度缝合在一起，可制成一个帷幔的幅面。

　　反面：织物的背面。这一面加工较为粗糙，可能有线头。

床的装饰设计基础知识

进行卧室设计需要具体了解床品特有的关键元素。

- 床型，结构与尺寸
- 床垫类型与尺寸
- 常用的床品尺码
- 床上用品
- 装饰寝具设计与制作
- 绗缝和棉套选用
- 枕套选用
- 床幔设计与制作
- 床篷设计与制作

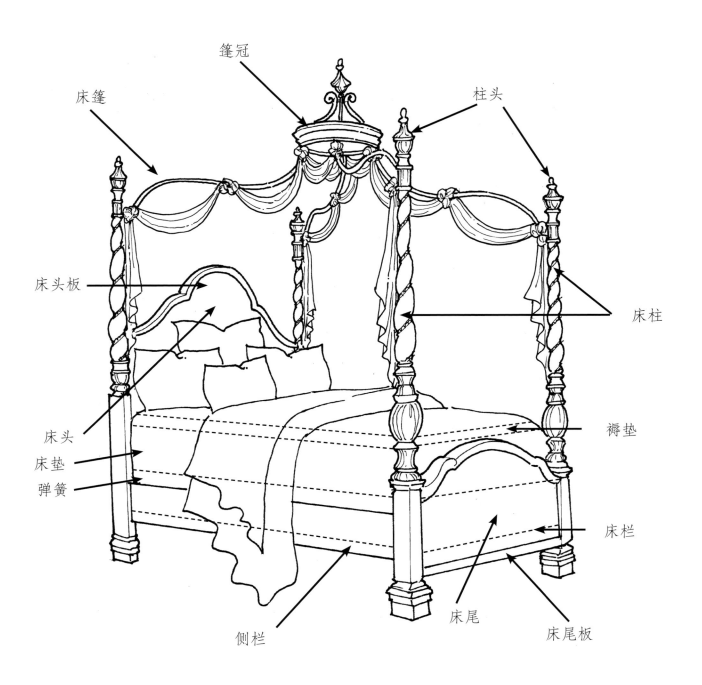

篷冠

床篷

柱头

床头板

床柱

床头
床垫
弹簧

褥垫

侧栏

床尾

床栏

床尾板

床的构造

现代床榻普及之后，床的结构组成并没有发生太大变化。

床头：躺下时头所在的那一端。

床尾：躺下时脚所在的那一端。

床篷：悬挂在床柱顶部的结构框架，通常通过将柱头插入床柱顶部的孔中来固定。床篷也可以独立于床架，挂在顶棚上。

篷冠：床篷结构的顶部。

床柱：床头板和床尾板两侧的立柱，从地板延伸到床头板、床尾板或床篷的顶部。

　　　头柱——床头的床柱。

　　　尾柱——床尾的床柱。

床头板：位于床头的坚实的或镂空的面板。

床尾板：位于床尾的坚实的或镂空的面板。

侧栏：在床的两侧，从床头板延伸到床尾板的护栏，以支撑弹簧和床垫。

床栏：位于床边的支撑栏，垂直于床头板，使其能更有力地支撑床箱和床垫。

床中支脚：大型床具下的附加支撑部件，在中央为床垫及床箱提供额外的支撑。

柱头：床柱顶端的装饰盖，可用于固定床篷。

床垫

床垫技术正在不断发展，尺寸和功能也随之变化。以下因素需要注意：

（1）单人床、普通双人床和中号双人床床垫套装只有一个床箱，而大号和超大号双人床垫则有一个分体式床箱。

（2）许多床垫上下两面都有褥垫，可以翻转。目前流行的是仅在一面有一个较厚的褥垫，或是一个活动的褥垫，在翻转床垫时，可以从一面取下换至另一面使用。

（3）超大、特大床垫分为两半，中间由富有弹性的中轴联结，再由一个整体褥垫完全覆盖住。

（4）许多床垫套件非常重，例如记忆海绵床垫。如果使用了这样的床垫，在设计床品时，应注意确保铺床时不需要挪动床垫。

（5）Sleep Number等厂商生产的智能床或电动床，这类床榻可调节或定制，尤其受到老龄化和婴儿潮的影响，很受欢迎。设计时应注意这些床榻的特殊性能。

类型	长	宽
婴儿床	1.3米	0.7米
沙发床	1.9米	1米
单人床	1.9米	1米
加长单人床	2米	1米
普通双人床	1.9米	1.4米
中号双人床	2米	1.5米
加州中号双人床	2.1米	1.5米
大号双人床（标准/西式）	2米	1.9米
加州大号双人床	2.1米	1.9米
超大双人床	2.5米	2米

类型	长	宽
单人床	1.9米	1米
双人床	1.9米	1.4米
大号双人床	2米	1.9米
超大双人床	2.5米	2米

类型	厚度
单人床	0.2米
双人床	0.3~0.4米
加厚	0.4~0.6米
双层褥垫	0.6~0.7米

床单

床巾或床单通常包括以下产品：

（1）床笠。
（2）被单。
（3）枕套。
（4）枕巾。
（5）床罩。
（6）羽绒褥套。
（7）床垫顶片。

床单经常被洗涤，且使用区域磨损度高，因此其面料通常非常耐用。而对使用者来说，尽可能舒适也是至关重要的。由于品类繁多，如今为床榻选择床上用品是一个复杂的过程。

比较两种床单的质量和优越性常用的两个指标是纤维类型和经纬密度。（即进行对比的床单面料是使用何种纤维纺成的纱线织造而成的。）

常用床单材质

纯棉：大多数棉纤维通常长约2.5厘米或更短。棉花遍布世界各地，是一种丰富的可再生资源。棉布触感凉爽，散热好，透气且易清洁。一般来说，棉布被认为是制造床单最舒适的面料。

埃及棉：棉中之王，这个品种的棉纤维长约3.5厘米，用它织造的棉布更坚固，手感更平滑。许多世界顶级床品是使用100%的埃及棉制成的。"埃及棉"是对只在埃及种植的某种棉花品种的特定称谓。

顶级皮马棉：生长于美国西南部和其他一些地区，纤维长度超过2.5厘米，排名世界第二。由它织造而成的棉布同样非常光滑、坚固，可与埃及棉媲美。顶级皮马棉是指代棉纤维等级的名称。

皮马棉：生产优质布料的长绒棉，优于普通棉花，但逊于埃及棉或顶级皮马棉。皮马是指代棉纤维等级的名称。

棉聚酯混纺：有些廉价的床单由棉和聚酯的混纺织物制成。这种床单往往磨损不均匀，表面易起球。混纺不如棉布透气，也较为不易清洁。好处在于，大多数棉聚酯混纺织物不易起皱。

亚麻：作为生产面料的最古老的天然纤维之一，亚麻也是长期用于制作床上用品的纤维材质。亚麻的触感非常柔软，适当加工后舒适性极高。亚麻床单曾经在欧洲普遍使用，但目前正在让位于高品质的纯棉制品。许多高端床品都是选用亚麻制作而成。

丝绸：丝绸床单奢华但不实用。丝绸面料易起皱，易吸汗吸油，难以清洁。

锦缎：这个术语是指织物，而非纤维。大多数锦缎床单由纯棉纱线制成，一根经纱穿过四根或更多纬纱之上，然后再穿过一根纬纱之下，相互交织。因其表面线多，因此能反射更多的光线，从而更具光泽。

针织面料：针织而不是纺织而成的面料。有些针织面料是纯棉的，有些包含其他纤维，例如聚酯、莱卡或氨纶等弹性纤维，以增加织物的弹力。

法兰绒：通常由纯棉纱线制成，手感柔软、蓬松，有助于保温。在使用过程中，法兰绒会在高应力区域或高磨损处不均匀磨损。

精梳棉：经过精梳处理的棉，精梳是指除去较短纤维，并将所有纤维对齐，使纱线和织物更加柔软的一种处理工艺。大多数高档棉布床单都是精梳处理过的。

细布：一种质地细密的平纹织物。由经纱和纬纱均匀交叉织成。有些细布是纯棉的，有些是棉聚酯混纺的。通常会用树脂喷涂整理来使织物防皱。

经纬密度

这是衡量床单质量的第二个关键指标。经纬密度是指每平方厘米面料中经线和纬线的数量。一般来说，织物的经纬密度越高，用于纺织的纱线越精细。精细的纱线纺出来的织物表面更柔软、更坚固、也更光滑。事实上，精细的纱线并不比粗纱结实，也不一定耐用。使用长纤维纺的细纱质量为佳。要想找到高质量床单，务必选取经纬密度高的面料，同时还要确保使用埃及棉或皮马棉等长绒棉。组合使用中高密度（每2.5平方厘米300线以上）和高密度的棉布可以制作出优质的床单。有时，超高密度床单的质量可能会低于使用优质纤维生产的中高密度的床单。

床品的测量

准确测量是生产漂亮床品的基础。

（1）按照客户意愿搭建床架。确保将其正确摆放，并安装好最终选用的床垫。

（2）按照客户的最终需求组装床榻。如果客户想添加床垫或羽绒衬垫，或者想使用厚重的羽绒被或被芯，都应安置妥当。这些物品会显著改变床的尺寸，必须加以注意。

（3）每个床垫的尺寸都各不相同，所以不要依赖所谓的"标准"尺寸。需仔细测量要使用的床垫。

（4）使用软尺来测量床品。因为软尺能贴合床垫或床单，测量出准确的尺寸。可以将两条软尺接在一起，做出一条能够测量整个床榻宽度和床梆高度的软尺；也可以自制一条布带，在上面标记好刻度，当做测量工具使用。

（5）定制绗缝被或羽绒被时要预留收缩量。收缩范围很大，宽度5~30.5厘米，长度也是5~30.5厘米。务必与厂商或供应商确认每一件单品的收缩余量。

（6）所有测量值以英寸为单位，而非英尺。

（7）始终从左到右测量，以便在竖直方向读取尺度。

（8）每张床都是独一无二的，都需要采用与之相适应的方案去布置。

（9）仔细查看床垫和床架，以确定您需要解决的问题，例如：

（a）床箱是否暴露？

（b）需要覆盖床箱吗？

（c）是否需要在床罩四角为床柱预留开口？

（d）是否需要在床罩的开口处添加束带，以便将开口紧束于床柱？

（e）是否需要包角？

（f）床架对床裙有何影响？适合使用带基台的连续床裙，还是适合选用直接贴在床架上的拼接床裙？

（g）究竟是否需要床裙？

每次订购前测量两遍！

常用床品尺寸

尺寸取决于制造商。

床笠常用尺寸

类型	长	宽
单人床	1.9米	1米
加长单人床	2米	0.9米
普通双人床	1.9米	1.4米
中号双人床	2米	1.5米
大号双人床	2米	1.9米
加州大号双人床	2.1米	1.9米

被芯常用尺寸

类型	长	宽
单人	2.1米	1.7米
普通双人	2.2米	2.2米
中号双人	2.3米	2.2米
大号双人	2.7米	2.4米
沙发床	2.4~2.6米	1.2~1.5米

毯子常用尺寸

类型	长	宽
单人	2.3米	1.6米
普通双人	2.2米	2.3米
中号双人	2.2米	2.3米
大号双人	2.3米	2.7米
绒毯	1.5米	1.2米

羽绒被常用尺寸

类型	长	宽
单人	2.2米	1.6米
普通/中号双人	2.2米	2.2米
大号双人	2.2米	2.6米

床枕常用尺寸

类型	长	宽
标准	66厘米	50厘米
双人	76厘米	50厘米
大号双人	91厘米	50厘米
欧式	68厘米	68厘米

床枕常用尺寸

方形	长方形	圆形	垫枕
30厘米×30厘米	15厘米×40厘米	直径30厘米	15厘米×40厘米
35厘米×35厘米	17厘米×40厘米	直径35厘米	17厘米×40厘米
40厘米×40厘米	17厘米×45厘米	直径40厘米	17厘米×45厘米
45厘米×45厘米	20厘米×60厘米	直径45厘米	20厘米×60厘米
50厘米×50厘米	22厘米×60厘米	直径50厘米	22厘米×60厘米
55厘米×55厘米	22厘米×96厘米	直径55厘米	22厘米×96厘米
60厘米×60厘米		直径60厘米	
65厘米×65厘米		直径65厘米	
70厘米×70厘米		直径70厘米	
75厘米×75厘米		直径75厘米	

枕头类型

如今，枕头与枕芯种类繁多。由于新技术、人造纤维和海绵的应用，出现了各种各样的枕头。床枕和装饰性枕头基本上是相同的，通常按照形状、尺寸和功能的差异，将它们划分为不同的类别。

枕芯分为天然和人造两种。天然枕芯有以下几种：
（1）高级白鹅绒。
（2）鸭绒。
（3）羽毛羽绒组合。
（4）枕中枕组合。
（5）羊毛。
（6）有机全棉。

天然填充物主要术语和特性

羽绒：指在鹅或鸭子羽毛下生长的小纤维簇。这些纤维具有独有的特征和外观，类似于成熟的蒲公英簇，是填充枕头的绝佳材料。羽绒非常蓬松，吸纳空气后充分鼓胀，使枕头饱满，形成极好的支撑；羽绒吸湿排汗，令枕头具有良好的透气性；此外，它还冬暖夏凉。因此，除了填充羽绒枕外，在制作被芯、羽绒被和衬垫时，羽绒也会被用作填充材料。

鹅绒：鹅绒比其他鸟类的羽绒更蓬松，这使之成为填充物的最佳选择。优质鹅绒应符合以下标准。
（1）朵绒大。
（2）色素轻，白色最好。
（3）蓬松度是用来衡量鹅绒质量的指标之一。朵绒越大、绒丝越密的鹅绒，蓬松度越高。

匈牙利鹅绒：人们普遍认为匈牙利鹅绒是最优质的羽绒——朵绒大，色泽白净。

鸭绒：相比于鹅绒，鸭绒朵绒小，较粗糙。大多数鸭绒是从食用鸭身上收集的，这些鸭子宰杀早，羽绒还未完全生长成熟，所以鸭绒质量较差，常与鹅绒混合使用。

绒鸭绒：最好的鸭绒。绒鸭是一种海鸭，其朵绒在鸭绒中最大。

羽毛、羽绒组合：大多数时候，不宜采用100%羽绒填充。羽绒在使用时会被压紧，如果没有羽毛的支撑，难以保持枕头的形状。大多数枕头填充了羽绒和羽毛的混合物。混合物中的羽毛为枕头增加了重量、体积和稳定性。

业内常用组合标准如下：

羽毛占比（%）	羽绒占比（%）
0	100
50	50
25	75
90	10

选择枕头时，应注意羽绒比例越高，枕头越轻越蓬松。多数情况下，宜选择25∶75的羽绒比。羽毛、羽绒混合的枕头的外壳必须使用紧密编织的面料，以防止填充物从接缝中"钻出"。羽毛梗有时会戳穿面料，扎得人不舒服。组合中羽毛的占比越高，钻绒发生率也就越高。因此应确保所选购的枕头使用了防钻绒面料，以此来避免这些问题。

枕中枕组合：近年来市场上出现了一种组合结构的枕头，其大部分羽毛被独立裹卷形成一个核心，核心外部再由含绒量较高的独立封装的羽绒层包裹。这种枕头的中心较重，能提供更好的支撑，同时又因外层的大量羽绒保持了轻盈和蓬松的质感。

羊毛填充：用100％羊毛填充的枕头是低致敏性的，喜爱由绿色有机原料制成的床品的消费者非常青睐羊毛枕。羊毛枕的独特之处在于它非常吸汗，有助于保持皮肤的干爽舒适。此外，羊毛也很保暖。

有机棉：对化学品敏感的人，适宜选择有机棉。它不含漂白剂、染料或聚合物，完全无毒，且防过敏。

人造枕芯

聚酯填料：最广泛使用的枕芯由各种聚酯纤维制成。制造商不同，品牌名称亦不同。这种枕芯一般可机洗，成本往往低于纯天然枕芯。运用新的生产技术，可以制造出蓬松的聚酯纤维，在感觉上类似于羽绒。不同厂商的产品在质量和耐久性上存在显著差异。

记忆海绵：很多制造商生产这种产品——当人睡觉时，这种密实的海绵会随压力形成身体和头部的轮廓；当人离开时，它就会恢复原来的形状，仿佛是牢牢记住了它自己应有的特征。设计记忆海绵枕头或床垫时需注意，这种材质非常笨重。

乳胶：由天然橡胶制成，乳胶枕头具有低过敏性、抗菌、防霉和防尘等特性。乳胶透气性好，凉爽干燥，耐压，不易变形。

设计注意事项

设计完成前，关键问题都应得到妥善解决。在设计过程中解决问题，远比设计完成后再进行改装要轻松。

功能相关

个人问题：谁在使用？床品需要经常洗涤吗（比如孩子房间里的床品）？使用者是否有需要回避的过敏源？床垫的高度或长度是否有问题？

环境：夏季高温和冬季低温之间的温差范围是多少？设计时如何满足这些需求？屋内是否有气流或通风问题？光控是一个问题吗？是否有交通或街道噪声？

使用：使用者会在卧室看电视吗？他们需要在床上使用电脑工作吗？卧室是否需要兼具双重用途，如办公或待客？

电源相关

（1）床边墙壁上是否有足够的插座，位置是否合理？

（2）墙壁开关是否连接有"热"插头，以便于开关台灯或壁灯？

（3）是否有电源插座可供电动毯、闹钟或笔记本电脑等物品使用？

（4）手机插孔在哪里，是否在床旁边，是否需要移动？

建筑相关

（1）是否有墙板、插头、恒温器或开关位于与设计相冲突的区域？

（2）墙面或地面是否有出风口会被床塌遮挡，有散热器吗？

（3）顶棚上是否有出风口或进风口干扰床篷，它们是否会带来不必要的气流？

（4）是否有吊扇，它会如何影响床上用品的设计？

（5）顶棚上有灯具吗？它们会对设计产生怎样的影响？

（6）房间是否有石膏线或墙面板需考虑在内？

结构相关

（1）墙壁和顶棚的材质是什么？如果在设计中添加床篷等元素，其承重能力是否足够？在适当的地方有壁柱吗？需要加固吗？

（2）走廊和门的宽度是多少？进入房间的路径上有什么障碍？床的尺寸适合吗？

（3）房间的高度是多少？够高吗？切记床架必须倾斜进入房间。如果选用的床塌有床柱或床篷，高度非常接近房间层高，很有可能无法将其调整到直立位置。要注意预留充分的余量，比如在测量新建筑物时，要注意留下铺装地板的余量。

（4）特大床塌和床垫非常重，床塌需要放在楼上，地板结构能支撑得了吗？

（5）电缆出口在哪里？是否便于在床上看电视？

灯光

这是卧室设计中的关键要素。无论房间需要照明光线还是环境光线，灯具的配置都可能对设计产生重大影响。则应充分考虑客户在房间里的使用需求，如阅读或看电视，相应地规划照明方案。

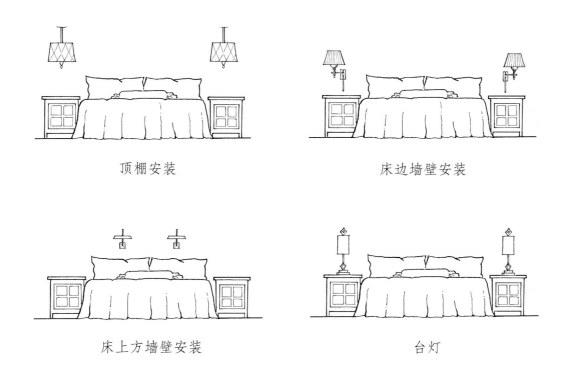

顶棚安装　　　　　　　　　　　　　　床边墙壁安装

床上方墙壁安装　　　　　　　　　　　　台灯

（1）射灯、有轨灯等顶棚灯具的布置，应侧重于照亮床榻或为夜间活动提供照明。

（2）顶棚和墙壁灯具可考虑使用调光开关，以便调节亮度。

（3）在设计卧室的电路或添加新的电气元件时，可以考虑在床的一侧安装一个总控开关，能够控制房间中的所有灯具。这样使用者不用下床就可以关闭所有灯具了。

（4）在床篷、檐口和大型冠冕可以使用一体化照明。对于不想使用传统灯具的客户来说，这可能是一个很好的选择。

床榻主要术语

床架：一种典型的金属框架，可独立于床头板和床尾板，用以支撑床垫或床箱。

床柱：位于床头或床头及床尾的装饰柱，不一定支撑床篷。

床枋：位于床边条顶部，连接两侧床边条的木质或金属栏杆，用以固定床垫和床箱。

床篷：通过床围栏悬于床架上方的顶棚状结构。

脚轮：安装于床柱或床脚下的轮子。

床中支脚：大型床具床枋下的附加支撑部件，在中央为床垫及床箱提供额外的支撑。

床冠：床篷上隆起的顶盖。

床尾板：位于床尾的坚实的或镂空的面板。

床尾：床尾是床的一部分，位于床脚上方。它是床的基础，通常面向房间。

床头：指人躺在床上时头部所倚靠的部分。它像是床的锚，通常靠墙放置，或摆放于焦点位置。

床头板：位于床头的坚实的或镂空的面板。

床基：床垫或床垫及床箱的基座。

垫脚：用于抬起床架以增加床的高度的扩展部件。

床边条：床头板与床尾板之间的固定支架。

床裙

床裙是从床架或床箱边缘悬垂到地面的一条或多条织物，用以遮盖床架与地板之间的间隙。

1.床裙的主要功能是隐藏不够美观的床架和床箱。

2.防止灰尘和碎屑聚集在床下。

3.防止床下有气流扰动。

4.掩盖床下的存储空间。

5.为床垫和床品提供装饰的基础。

6.作为一个重要元素，为床品平添更多色彩、图案和风格。

7.可用于标准金属床架、全木床架或部分木质、铁质及软包床。

床裙也被称为"防尘帘""防尘裙""床幔"或"床帘"。

加工方案

每张床架或床垫都会带来有不同的挑战，在设计床裙时必须予以解决。需注意以下问题：

(1) 床裙是带有床裙面合适，还是使用独立的床裙合适？
(2) 什么类型的床裙及什么样的设计能完美地与其他床品形成互补？
(3) 单层的合适，还是多层的更合适？
(4) 裙子的下摆选用哪种形状？
(5) 床裙什么长度合适？
(6) 怎样设计裙角才能让整个床裙便于悬挂？
(7) 设计什么风格的裙角？

床裙基本组成

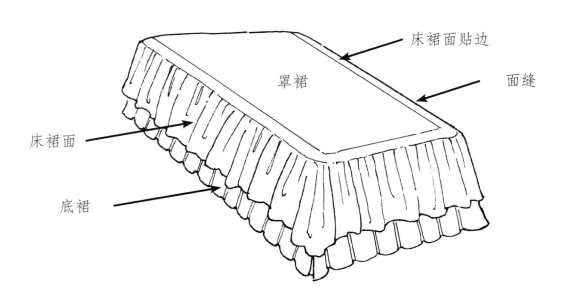

床裙面贴边

罩裙

面缝

床裙面

底裙

裙角处面料断开，由一片单独的法兰绒面料衬于下方，以掩盖头片和尾片之间的缝隙。

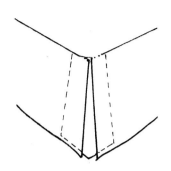

裙角处面料断开，由一片单独的法兰绒面料盖于上方，以掩盖头片和尾片之间的缝隙。

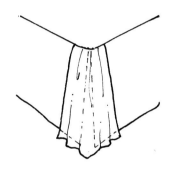

连续的一件式床裙，裙角处不断开。

全床架床

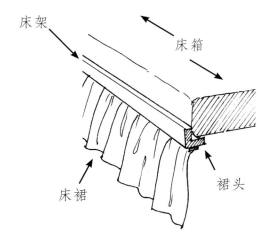

床架　床箱　裙头　床裙

为全框架的床榻设计床裙时，最好不使用床裙面，而使用独立的床裙，直接装饰于床架之下。在木床上，床裙可直接钉到框架上，或者用魔术贴固定。在金属床架上，则可以使用自粘式魔术贴。

这种方式可能会让一部分床箱暴露出来，应该选用适当的床品与床裙配合使用，以完全覆盖床架。

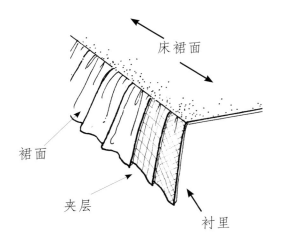

床裙面　裙面　夹层　衬里

衬里：高质量的床裙应加衬里。选用与面料相配的衬里，会使床裙更有型、轮廓分明。衬里和夹层可以增加床裙的耐磨性。

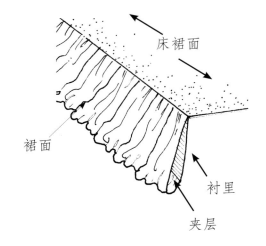

床裙面　裙面　衬里　夹层

曳地床裙：裙摆倾泻至地板上的床裙，可缝制成一个连续的环路，既可以保持褶皱波纹的一致性，又可以使床裙更耐磨。丝绸和其他轻薄织物床裙应有夹层。

床裙加工技巧

（1）为了防止床裙滑动，可使用魔术贴或滑盖螺钉将床裙面四角固定在床箱四角上。只有这样，当人躺在床上时，床裙面不会褶皱或移动。

（2）可使用互补或对比织物作衬里，制作双面可用的床裙，以增加床品的功能性和多样性。

（3）对于轻薄面料，可增加下摆线重，以调节床裙的悬垂感。

（4）100%聚酯纤维面料和一些聚酯棉衬里都易起静电。如果床下的地毯含有聚酯纤维，这个问题可能会更突出。

（5）侧面和尾端的裙围可以分开安装，用魔术贴粘在床裙面上，方便拆卸而无需抬起床垫。在床裙需要经常洗涤或者床垫无法抬起的情况下，这种形式的床裙使用起来会非常方便。

（6）床裙面四周的面料上，应使用至少15厘米宽的贴边，以避免暴露出床裙面。

床裙主要术语

床裙面：一块相当于基座的布片，侧面和尾端的裙围缝制或附着在上面。床裙面平铺于床箱之上，两侧和两端的裙围则悬垂在床箱边。

记忆线迹：褶皱背面的手工线迹，用以维持其形状和位置。

罩裙：分体或整体的床裙，覆盖在另一床裙的外部。

叠加层：分体或整体的短床裙，叠加在另一条更长的裙边的顶部。

裙围：床裙的侧面或端部。

底裙：分体或整体的床裙，衬于另一床裙的下部。

床裙类型

单层碎褶

款式简单，但添加夹层或薄底裙后，可使造型更饱满，看起来就会非常奢华。建议少用图案。
100

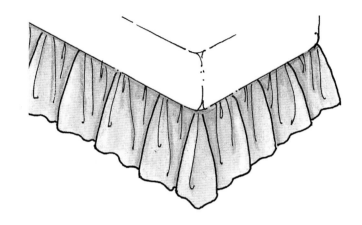

双层碎褶

双层碎褶可使设计更饱满、丰富，或通过不同面料、色彩和图案营造出强烈的对比效果。
101

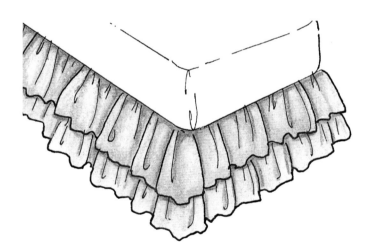

下摆镶边的单层褶

使用对比的面料、丝带、胶带或饰边，突出床裙的边缘，强化设计感。
102

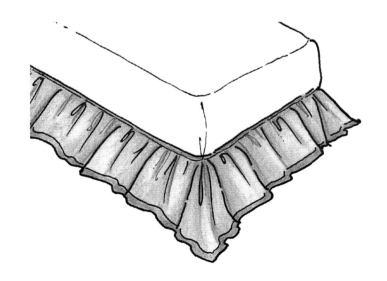

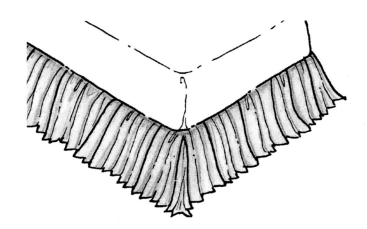

手风琴褶

　　这种紧密、蓬松的手风琴褶为整个床品设计定下基调。使用预先打褶的面料或专业皱布制作这样的褶皱效果为佳。

103

裙角褶裥打结的单层褶

　　当床裙需要在拐角处断开时，这样的设计能突显裙角。裙角的单独叠加层使用打结的套筒扣紧，在每个裙角形成一个褶裥。

104

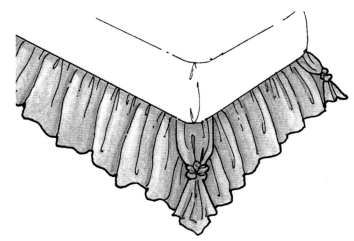

无褶床裙，侧围中央及裙角有抽褶

　　原本无褶的裙围中央和裙角增加了抽褶部分后，可有效吸引视线，突出强调装饰效果。

105

无褶床裙，带包角

添加夹层或衬垫会为无褶床裙增色不少，可使床裙看起来利落有型。
106

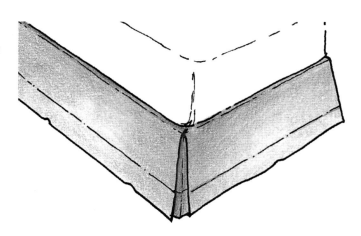

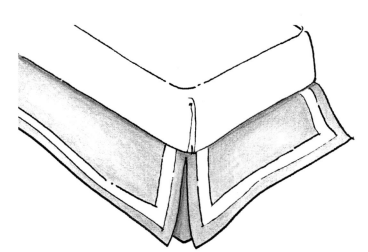

无褶床裙，包角，镶边

使用织带、饰带、胶带或色带营造出条纹。随着条纹形状、宽度或数量的改变，床裙的样式也随之改变。
107

宽工字褶床裙，有对比饰带

这些宽阔的工字褶由边条映衬着。在边缘使用金丝饰带或流苏看上去会更具仪式感。如果添加一些褶皱，会别具一格。
108

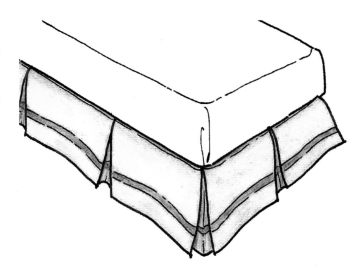

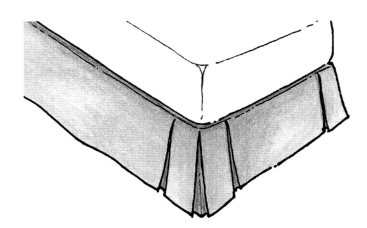

无褶床裙，工字褶包角

　　裁剪细节会对简单的设计产生重大影响，例如在床边两侧的裙角添加这些工字褶。这款床裙使用了有衬垫的底裙，有助于保持简明、锐利的线条，看上去不松垮。

109

无褶床裙，裙角有叠加层

　　裙角的叠加层有效地柔化了这款无褶床裙的硬朗线条。调节叠加层的形状和尺寸，可以显著改变这种设计的外观。

110

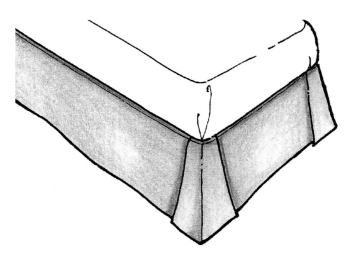

无褶床裙，包角，底边有纽扣装饰的对比边条

　　床裙无褶，底边使用缀有包扣的边条装饰。可以尝试用纽扣、丝带花、绒球、风车转轮或花环等小饰物来点缀，塑造不同的外观。

111

工字褶床裙，每个褶皱之间有两个按扣带

在褶皱上添加闭合装饰可以有效地使简单的床裙繁复起来。可以尝试用挂环、搭扣或人造革拉环来改变外观。而扣子则可以考虑用绒球、垫圈、棒形纽扣或线迹等代替。

112

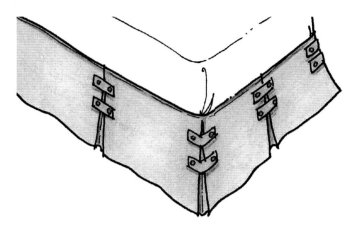

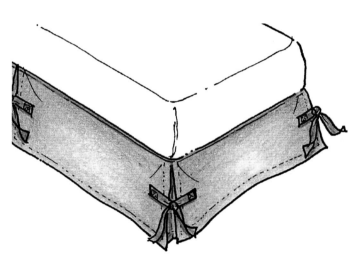

工字褶床裙，每个褶皱有绑带

这款床裙上的绑带表面压线缝合，而下摆的压线搭配平添了趣味。

113

无褶床裙，绑带缝入线缝，并在每个包角处打成蝴蝶结

外观柔和，轻松地增加了床围的丰满度。裙角使用蝴蝶结修饰，也可选用绢丝花、花环及流苏装饰。

114

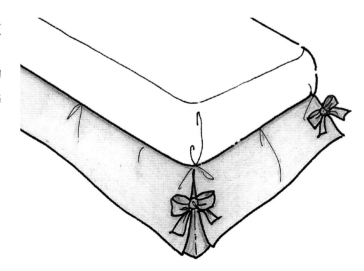

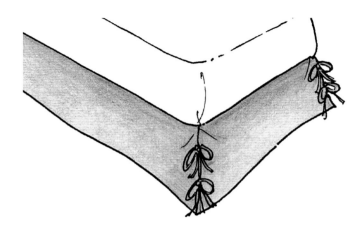

无褶床裙，每个裙角有两组打成蝴蝶结的绑带

　　每个褶皱上都用两组绑带来点缀床裙。也可尝试使用皮绳、辫带、棉绳或丝带来装饰。

115

工字褶床裙，每个褶裥有蝴蝶结

　　每个褶皱都在床裙面以下1/4到1/3处收紧。可使用蝴蝶结、饰扣、花环或流苏来装饰。

116

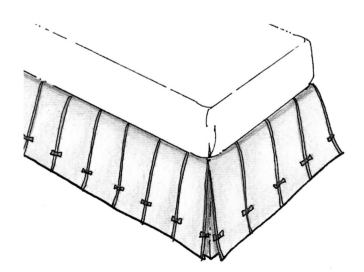

无褶床裙，表面有丝带装饰，并缀有小蝴蝶结

　　在平展的床围片上做贴花装饰的样式很多。此款中，丝带被缝于床裙表面形成竖条纹装饰，下摆底边缀有小蝴蝶结。可尽情发挥创意。

117

无褶床裙，底边为摩洛哥式弧形边

精心设计的裙摆总是引人注目。这个例子是在对比织物的边缘贴花。添加贴花使其与底裙形成对比，能更加突出装饰效果。

118

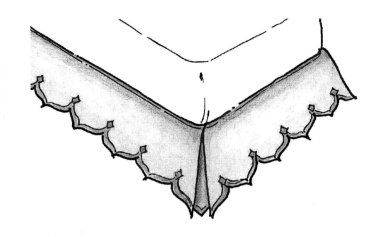

无褶床裙，扇形底边

贴花装饰的扇形底边床裙非常漂亮。可以尝试在扇形的弓顶添加纽扣或蝴蝶结装饰，增加吸引力。

119

工字褶床裙，下摆有荷叶边

在平整的工字褶床裙的下摆处添加褶边后，平添了一份灵动。可以尝试使用小工字褶或刀褶来调整外观。

120

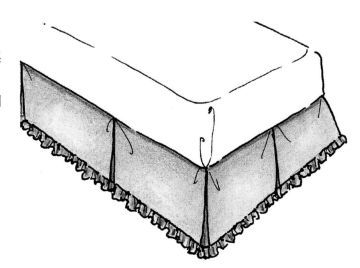

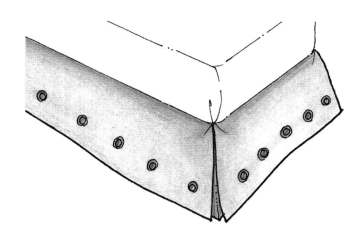

无褶床裙，带索环和对比衬里

　　索环是现代床具的一种重要附加件，其形状、颜色和尺寸变化多样，为设计提供了各种可能性。

121

无褶床裙，每个裙角配有索环

　　在这款床裙中，丝带穿过褶皱两边的索环，系成一个松散的蝴蝶结。也可以将丝带替换成皮绳、线绳或对比织带等。

122

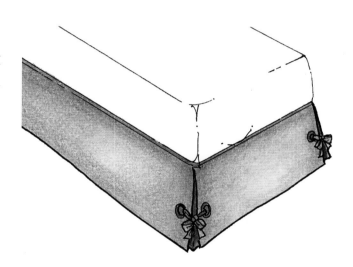

无褶床裙，有对比底边和贴布丝带

　　在下摆边缘贴花覆盖原始线缝时，丝带或装饰带是很好的选择。可尝试使用不同的形状和图案。

123

外翻工字褶床裙

这种设计是通过将工字褶的边缘折回到床裙外侧形成的。通过调节折回部分的宽度和内部褶皱，可以实现许多不同的构造样式。

124

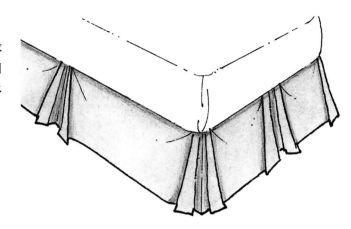

窄工字褶床裙

决定制作细密褶皱时一定要重点考虑面料的选择。天然纤维和混纺织物效果较佳。用热熨斗烫出一个褶皱来测试面料，褶皱背面可以使用记忆针迹固定位置。

125

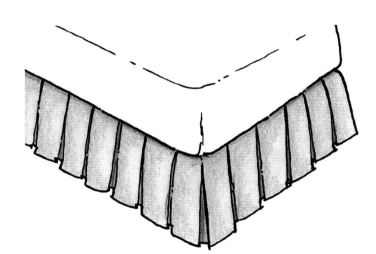

窄工字褶床裙，扇形下摆

改变下摆的形状，会让窄工字褶床裙有一个全新的外观。在床裙面形成更宽松的丰满度，会使床裙外形看起来更柔和。

126

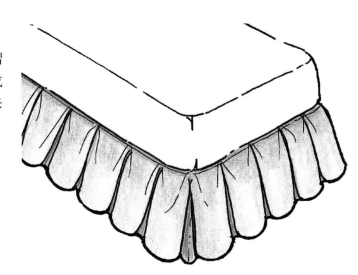

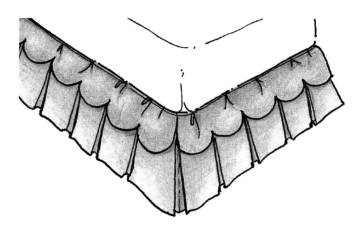

窄工字褶床裙，顶部带扇形叠加层

顶端添加扇形叠加层，使整个床裙看起来更饱满。此外，叠加层与工字褶的底裙风格既对比强烈，又完美融为一体。
127

无褶床裙，顶部带尖角扇形叠加层

这款无褶床裙的顶部有尖角扇形叠加层，只在床围中央和裙角处抽褶。
128

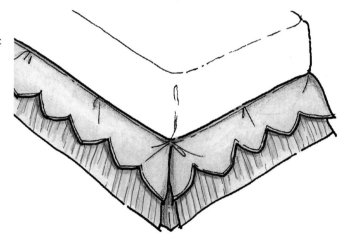

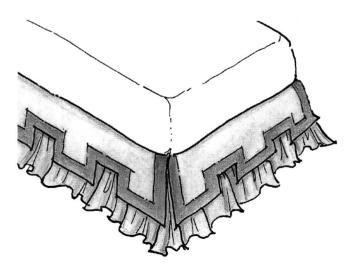

褶边床裙，顶部有齿形边缘叠加层

在褶皱底裙上叠加无褶的裙围片时，围片应当使用夹层等方式来强化，使其不受褶皱的影响而保持形状。可能需要在每个裙角处使用记忆针迹，以防止围片翻转。
129

褶边床裙，带平直叠加层

在褶边上添加平直的叠加层时，可能需要从床裙面上放松额外的1/8至1/4的丰满度到叠加层中，以防止褶皱变平。这种设计特别适合在整个褶边上使用。

130

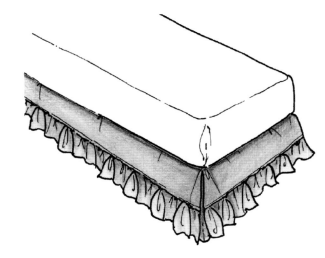

褶边床裙，带造型的叠加层

造型叠加层是为无褶床裙添加细节的有效方式。为了保持形状，可能需要使用硬衬来达到衬垫、强化或支撑的效果。

131

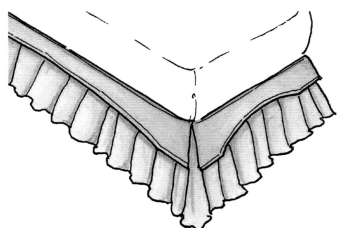

褶边床裙，带扇形叠加层

边缘的形状和细节设计多种多样。使用的面料、床架或房间的建筑细节都可以激发创意灵感。

132

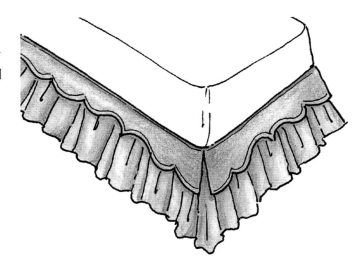

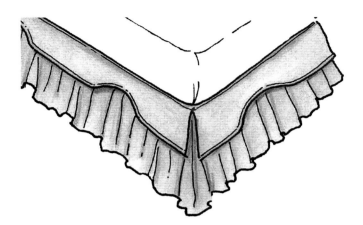

褶边床裙，带造型叠加层

　　可以考虑使用装饰性编织物、串珠饰面或对比贴边来强化叠加层的边缘。流苏或珠串可以用来突出叠加层高点或低点的图案。

133

褶边床裙，带扇形碎褶叠加层

　　突出下摆的另一个选择是用碎褶、工字褶或刀褶来修饰边缘。

134

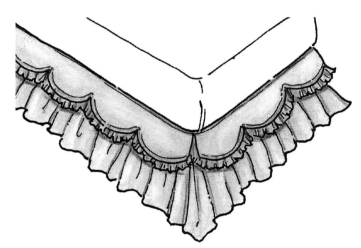

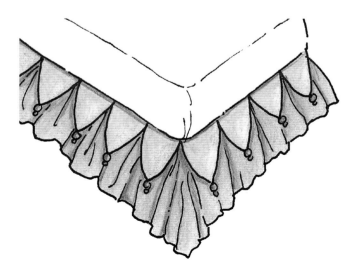

褶边床裙，带尖角扇形叠加层，有串珠坠饰

当选用了一款非常饱满的褶边床裙时，最好设计独立分片的叠加层来构建图案。这样可以让饱满的褶边在下方展开，支撑起每一片叠加层。在此款设计中，每一片都以装饰珠子垂坠来定位。

135

工字褶床裙，带平直叠加层

对于这种定制款的床裙来说，面料的选择是关键。这款床裙的工字褶一定要加记忆针迹，以保持其清晰明快的线条。

136

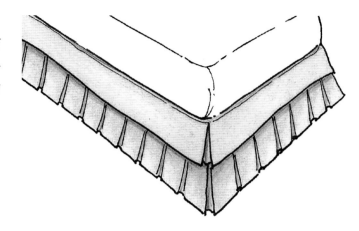

工字褶床裙，带纽扣装饰

对于下摆很长的床裙，可能需要在床裙面下垂的略低处缝制工字褶，以避免褶皱过度铺展。在此款设计中，工字褶合缝处装饰着纽扣。

137

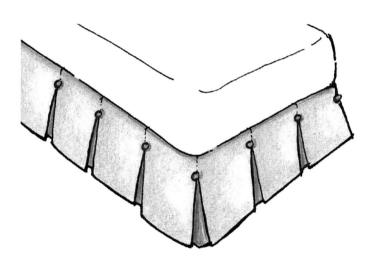

工字褶床裙，褶边每侧有纽扣装饰

在这款床裙上，每个工字褶的两侧褶边都装饰有纽扣。还可以做更多变化，如在按钮间挂一条链子，将皮绳按8字形绕在纽扣上，或将丝带绕在纽扣上系成蝴蝶结。

138

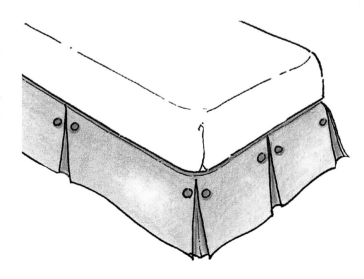

床罩

　　床罩是掩饰或隐藏床垫、床箱及床上日用织品的覆盖物。它柔软，具有装饰性和功能性。

　　1.具有保温功效。

　　2.增添床榻的舒适度和柔软度。

　　3.是重要的装饰元素，为卧室引入更丰富的色彩、图案和风格。

　　4.强调和突显床铺，有助于形成房间的装饰焦点。

　　5.可以调节床铺尺度和外观。

　　6.保护其他床上用品免受磨损。

床罩的选择

在设计床罩以装饰床铺的时候，有很多可选项。

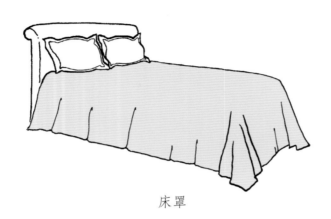

床罩

绗缝床罩

被套

棉被

绗缝被

　　床罩：覆盖整张床铺的遮盖物，一直垂到地板，不需要使用床裙。有些是薄的；有些经过绗缝，填充入少量棉絮；有些床罩是一整张的；而有些则是由面部（也称"基部"）加上分开的侧部组成的。床罩既可以铺盖于枕头上方，又可以留下充分的长度，塞入枕头下方，再翻折回来覆盖住它们。

　　绗缝床罩：一种非常轻巧的床罩，有时会绗缝或粗缝一层薄薄的填充物。绗缝往往采用单层无绒面料，如亚光织物或提花织物。绗缝床罩仅覆盖到床垫下缘，需要搭配床裙来形成整体效果。

　　被子：一种厚实、蓬松的覆盖物，绗缝或粗缝，填充或多或少的棉絮、纤维或羽毛及羽绒，并被永久密闭缝合。它通常延伸至刚刚超过床垫的高度，需要搭配床裙来形成整体效果。

　　被罩：一种轻巧的信封形覆盖物，用以包裹羽绒被或被子。通常都被设计成容易打开的款式，以便取出被芯，并清洗被罩。去掉被芯后，被罩仍然可以在床上使用，基本类似于绗缝床罩。被罩通常覆盖后刚刚超过床垫的高度，需要搭配床裙来形成整体效果。

　　绗缝被：多片或单片覆盖物，填充少量至中量的棉絮，并以特定的图案绗缝。作为绗缝被主要特征的绗缝可由手工或机器完成。长度不等。

绗缝

绗缝是将织物的表层、中间填充的夹层和织物的底层接合在一起的方法。在床品制作中可使用以下不同的绗缝方法。

传统手工绗缝：将面料和衬垫用针、线手工缝合在一起。通过手工缝合形成的图案可以是随机的，或是整体构图，或是遵循面料图案的轮廓。手工缝制的缝合质量可能会有很大差异，具体取决于制作者的水平和针脚的细密程度。

机器绗缝：使用缝纫机或专业绗缝机将织物和夹层缝合在一起。许多公司提供这种服务，并提供多种可供选择的样式，同样也可以按照面料上的图案进行缝制。机器绗缝的缝纫质量是一致的，也比手工缝制更耐用。

疏缝：手工或机器进行加工，通过线迹将大面积分隔成小单元，单元间距通常小于2.5厘米，穿过表层、夹层和底层。最常见的图案包括圆形、条形、正方形或圆点。这种方法常用于具有中厚填充层的棉被。每个针脚缝制的位置会在表面形成图案。

拉扣：通常由手工完成，将线穿过表层、夹层和底层然后打结，并使用纽扣、蝴蝶结、玫瑰花或其他小饰品进行固定。这些装饰物缝制的位置会在床罩表面形成图案。

普通羽绒被罩

羽绒被罩必须设计好能固定羽绒被插入的开口。可选择的封口风格多种多样，从完全隐藏的拉链到宽大的带有装饰结的覆盖翼片，各式各样。这些细节与羽绒被本身的设计一样重要。

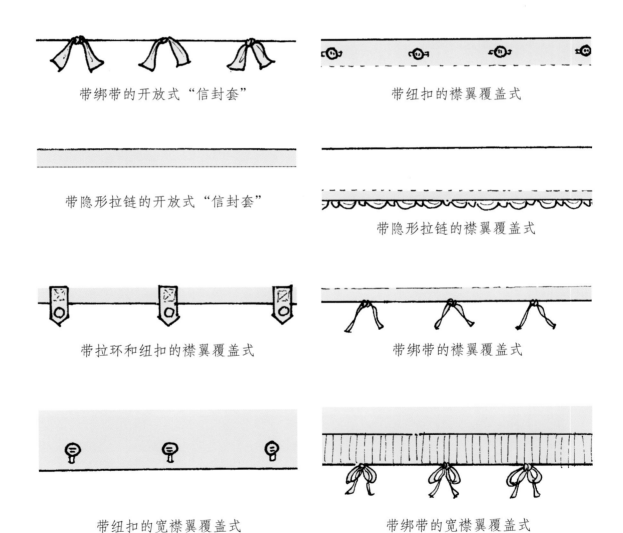

带绑带的开放式"信封套"

带纽扣的襟翼覆盖式

带隐形拉链的开放式"信封套"

带隐形拉链的襟翼覆盖式

带拉环和纽扣的襟翼覆盖式

带绑带的襟翼覆盖式

带纽扣的宽襟翼覆盖式

带绑带的宽襟翼覆盖式

用料计算

在正确计算床罩用料时，必须考虑以下几个关键因素：

1. 花形对位。

2. 图案位置。

3. 接缝位置。

4. 床裙设计和丰满度。

5. 下摆和接缝余量。

6. 绗缝引起的皱缩。

7. 包裹枕头的余量。

可能性千变万化，很难给出任何所谓的标准用料准则。以下图表针对简单的设计选项给出了非常广泛的预估。根据自身设计估算相匹配的尺码至关重要。

棉被、绗缝床罩、被罩的用料需求（仅一侧）

床垫	双人	双人或全套	大号	特大号
床罩尺寸	1.7米×2.2米	2.1米×2.2米	2.2米×2.4米	2.6米×2.2米
面料	6码	6码	7码	10.5码

1. 用料预估基于1.3米面料，无需花形对位。38厘米垂摆。
2. 自衬或对比衬里所需的尺码翻倍。

包裹枕头的床罩尺寸需求

床垫	双人	双人或全套	大号	特大号
床罩尺寸	1.7米×2.9米	2.1米×2.9米	2.2米×3米	2.6米×3米
面料	7.5码	7.5码	8码	12码

1. 用料预估基于1.3米面料，无需花形对位。38厘米垂摆。
2. 自衬或对比衬里所需的尺码翻倍。

常用床罩设计

1.无褶床罩。
2.荷叶边床罩。
3.抽褶床罩。
4.包角床罩。

本章中单独的床罩设计被绘制成短的床罩样式，长度仅垂到床垫下方几厘米处。大多数可以替换为棉被、绗缝被、被罩或全长床罩。

在本书其他章节中，还有许多为不同类型的床榻所设计的床罩的内容。

无褶床罩

无褶床罩由一个或多个织物部分构成，它们都拼接在同一平面上。完成后的无褶床罩是铺于床上的平坦矩形样式，多余部分悬垂在床垫的两侧。

1.无褶床罩功能多样，可以在许多不同类型的床上使用。它适用范围广，可以很好地匹配其所放置的床铺的轮廓。

2.无褶床罩可以沿床缘垂下，也可以塞入床垫下方，以实现不同的装饰效果。

3.无褶床罩可折叠翻转，通过面料里衬织物的使用轻松实现对比或者互补效果。当床罩翻转折回到床面时，就会露出搭配的面料。这也是其优势之一。

4.无褶床罩用途广泛，可以使用绗缝、拉口来修饰，平铺在床上也很好。

5.无褶床罩易于熨烫和平放，便于折叠和收纳。

无褶床罩

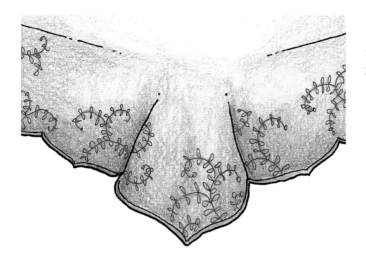

尖头贝形下摆，有镶边。
201

贝形边缘，有包边。
202

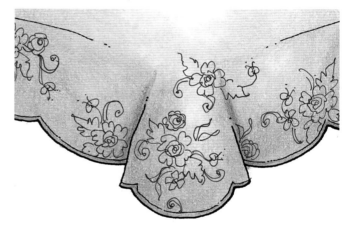

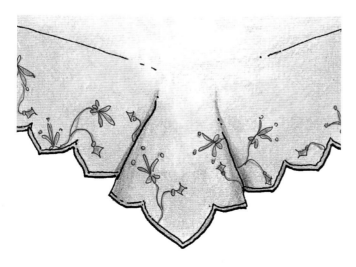

锯齿边缘，有贴边。
203

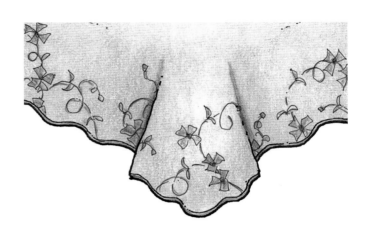

波浪边缘，有对比贴边。
204

直边，床角处由丝带绑成皱褶。
205

直边，对比包边较宽。
206

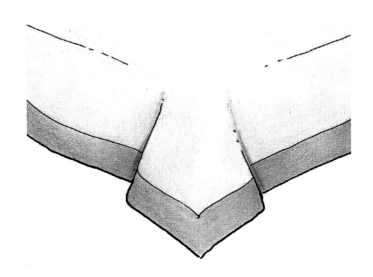

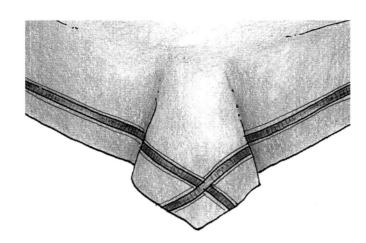

直边，丝带饰边在床脚处十字交叉。
207

直边，有装饰带。床面沿床垫
边缘也有一条装饰带，每个床角都
使用流苏垂饰。
208

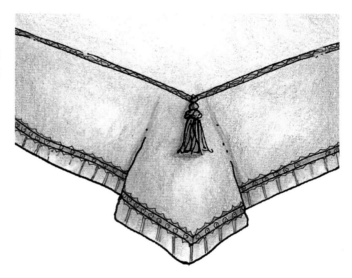

直边，底边床角处装饰有丝带结。
209

直边，有对比镶边，且有一条丝
带穿行其中，并在床角处被绑成蝴蝶
结，强化了镶边效果。

210

扇形边缘，贴边的对比织物也
同为扇形边缘，以相互匹配。对比
贴边将床罩表面进行了区隔。

211

直边，床角处略带弧形，由对比
贴边形成一个扇形带。

212

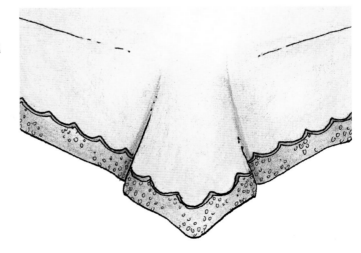

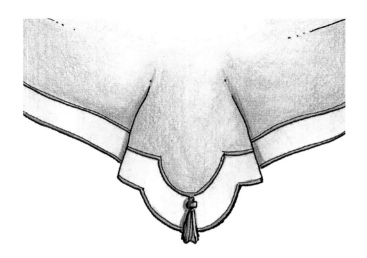

直边，在床脚处汇成一个突出的扇形。贴边带有包边，床脚处的扇形中心装饰有流苏。

213

直边，装饰有对比带和贴边，床脚处为圆角，打工字褶。

214

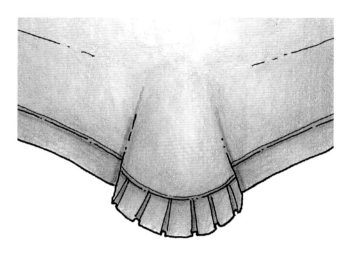

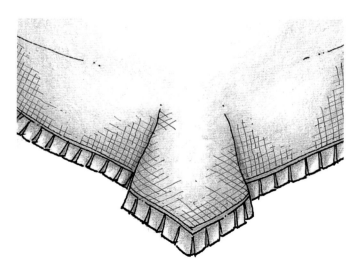

直边，装饰有工字褶的褶边和贴边。

215

直边，装饰有簇褶和对比贴边。
216

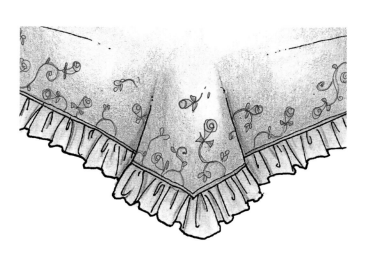

直边，装饰有对比镶边，镶边
打工字褶，上下边缘贴边。
217

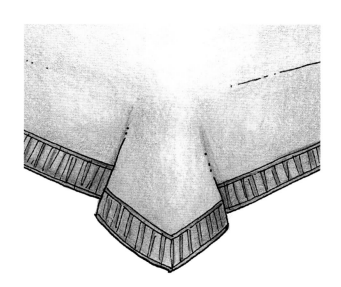

在床角处打褶，使用纽扣固定。
218

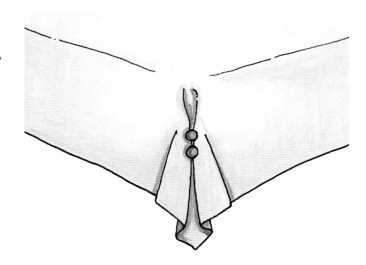

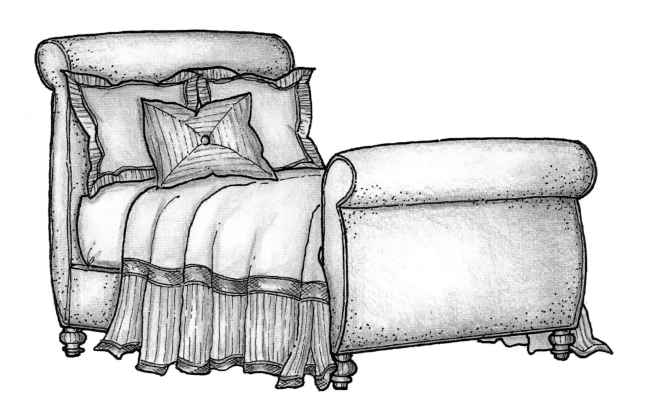

这个全包的床榻覆盖着无褶床罩，两侧底边为宽阔的条纹面料，上下边缘均使用对比面料饰边。贴边、绑带或绳索都可以用来将面料分隔成不同的区块。床罩内侧使用相同面料，以便其折叠翻转后，仍能保持相同的外观。

219

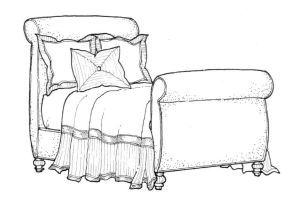

这张无褶床罩有一个宽宽的斜裁边。为了突出这个斜裁边，床罩表面被裁成了锯齿状，并在边缘以带子装饰。高点和低点分别点缀了玫瑰花形饰物，更加突显了锯齿状边缘的线条。边缘衬里也必须斜裁，才能形成这一效果。

220

　　这种简单的无褶床罩因表面十字交叉的丝带装饰而拥有了抢眼的外观。丝带交叉处饰以绒球，丝带边缘则用作下摆的饰边。这种款式可平铺，适用于被罩或床罩，或填充棉絮，在丝带形成的正方形之间进行绗缝。

221

边框、饰边和贴边的运用可以为床罩带来无穷无尽的变化。使用不同纹理和大小的饰边和条带可以分割单个或多个边框。这种设计沿内圈有一周对比面料，其底部边缘有宽阔的装饰带，而顶部边缘则缀以较小的古木饰边。整个床罩的边缘则以编织绳收边。

222

条纹织物使条带格外显眼。条带可以无褶，也可以通过抽褶塑造纹理。最好将条带置于床面中间，床垫边缘以内几厘米之处。如果太接近床面边缘，铺床就会很麻烦，很难将其与床边完美对齐。

223

　　如果被罩或棉被的面料色彩明丽，生动活泼，只需将其平铺在床上即可。在这样的设计中，枕头是焦点，被子是背景。

224

双扇形边缘突出了这张无褶床罩的张力
效果。条纹面料的使用拉长了床铺的延伸感
和高度。双扇形的设计在枕套中再次出现，
而面料使用则与床罩相反。

225

这种简单的床罩最适合绗缝或簇绒。在设计中，可选用多种面料，如果使用其他面料做里衬，使之可以翻转装饰，这也是一种很好的选择。对于这种类型的床罩，测量是至关重要的，要确保其具有足够的长度来覆盖床垫和床箱叠放处，以防露出缝隙。

226

这张全长床罩有一个深褶的荷叶边。小巧的扇形饰边将褶皱的荷叶边与床罩主体区隔。随意的盖毯也重复使用了较小尺寸的工字褶荷叶边，同时又整合了枕头上使用的其他饰边。

227

经典的简洁亚麻布和对比线条图案从不过时。这里所用的饰带在床角、羽绒被和枕头的中心形成花朵和鸢尾的图案，比通常所见的更具异国情调。充分发挥想象力，就可以设计出独特的主题。切记，如果选择了具有圆形、弯曲线条的设计，则必须使用斜剪饰带或弹性花边，以确保其能任意弯曲成你想要的外观。

228

中心面板和边缘不一定非要采用直线条。几乎任何合理的形状都可以运用。在这个案例里，扇形和尖角的运用营造了摩洛哥风情。试用不同的形状和图案，会创造出独一无二的设计。

229

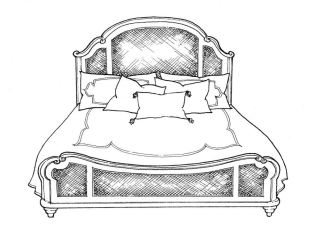

在床角处收紧，可以使一张无褶床罩完全包裹住床垫。在这一设计中，床角处的大型方形扣眼被丝带捆扎在一起。索环在大靠枕中重复出现，以强化视觉冲击力。

230

打褶床罩

打褶的床罩通常由多个部分构成，褶皱部分相当于床裙的侧面和脚部。

1.褶皱床罩有一个顶部或面部，平铺于床垫顶部。

2.褶皱床罩有三个独立的部分，组成了裙边的两侧和脚部。这些部分沿其长度有可能打褶，也有可能无褶，但两个床角处一定是打褶的。

3.表面部分适合床的顶部是至关重要的。必须准确测量以确保完全匹配。

4.褶皱床罩通常只适用于量身定制的床铺或具有相同尺寸的床。

5.大多数褶皱床罩不能被折叠翻转。

6.对于量身定制的设计，可考虑在每个褶裥的背面或顶部使用记忆针，以保持清晰的轮廓，并防止褶皱或脱落。

7.可以在侧板中使用硬衬、衬布或内饰，以增加稳定性并保持表面平滑。

8.要使完成的外观达到专业水准，应在面板和侧板接合处的接缝处使用微贴边或饰边进行美化。

打褶床罩

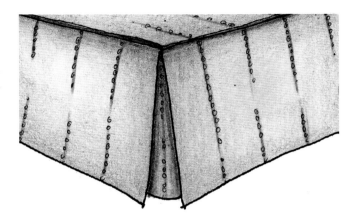

通过在床脚的空隙处插入较小的角板，使分开的侧板看起来有褶皱的效果。
231

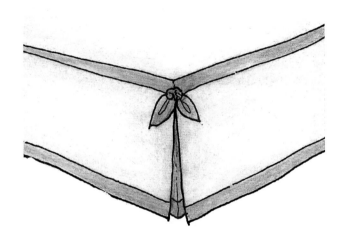

床罩表面和底部边缘的宽边饰带，强调了设计的方正线条。
232

在这张乡村风格的床罩上，每个床角的缝隙处，以带有纽扣的面料束带装饰。明缝针迹代替了饰边。
233

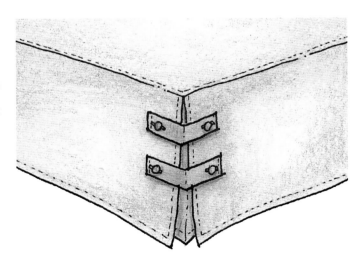

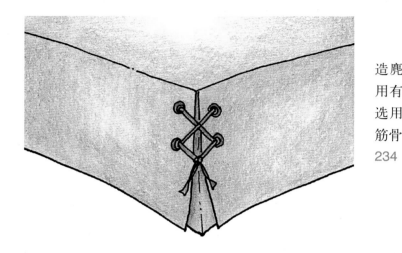

这些侧板通过小索环和人造麂皮带来扎束。当设计中采用有夹棉的床裙时，非常适合选用这种形式，可为床裙增强筋骨，强化线条。

234

特别缝制的工字褶成了这款床罩的裙边。

235

每个工字褶的褶面上都被缝制成扇形。

236

两层独立的扇形侧板相叠加，通过色彩反衬，形成了双扇形工字褶外观。这种设计亦可用于使用单一面料制作单层褶皱，或使用不同对比面料拼接成裙边。
237

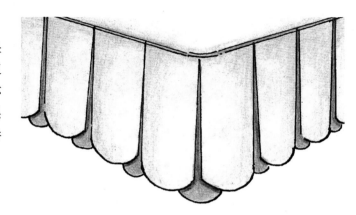

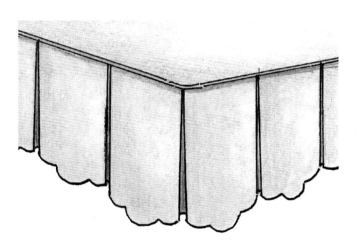

这些工字褶的底部被裁剪成三叶草式的扇形，使这个床罩的裙边具有独树一帜的特色。
238

较长的褶裥搭配顶部的对比纽扣，别具匠心。
239

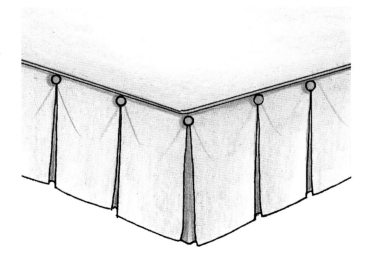

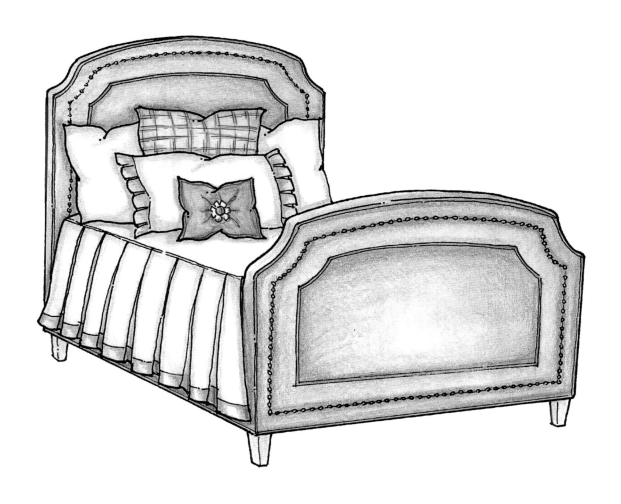

在设计一张能覆盖全床架的床罩时，一定要充分考虑框架。在这个设计中，两侧有较长的裙边，而处于床尾的那一端则较短且无褶。长边可以自然地悬垂于床架上，而较短的无褶端则很容易塞入床垫和床尾板之间。

240

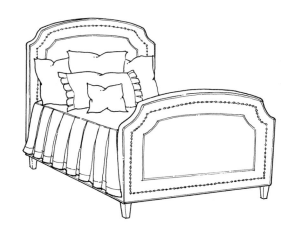

这款定制的床罩具有超宽的褶皱，亮点在于褶皱内侧的对比色调织物。每个褶皱背面使用记忆针迹，以防止大褶皱下垂或开放。枕套上采用打褶的装饰条，强化了床罩的线条。

241

在这个设计中，每个锐利的刀褶顶部都有一个扇形的帘幕，可谓奇思妙想，独树一帜。裙边顶部使用对比饰边或辫带修饰。

242

这个床罩表面簇绒，形似棋盘，并以包扣突显。大型刀褶开口朝向床头，将人们的注意力吸引到床头板和枕头上。床底部的方形扶手是通道簇绒，以对应床罩和床上的棋盘图案。

243

这张现代感十足的床铺上所覆盖的无褶床罩，在每个床角处打褶，装饰着对比鲜明的边框，束带被缝在每个褶皱的顶部，并使用纽扣作为装饰。在这种类型的床罩中，最好将装饰带固定在床角底部或顶部，以防止其翘起或分开。

244

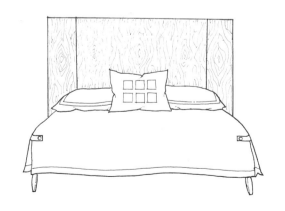

这款全长床罩在床角处有褶皱，明晰的饰带条纹强化了床头板的线条。请留意饰带在褶边内部的延续形式，以便与裙边外层的条带对应。

245

碎褶床罩

碎褶床罩由多个部分构成，织物被抽褶或聚集，以在裙部的侧面和底部产生蓬松感。

（1）碎褶床罩有一个顶部或面部，平铺于床垫的顶部。

（2）碎褶床罩可由三个独立的部分组成，也可以由一个连续的部分组成裙边的两侧和底部。这些部分沿着长边聚集，并可以在裙角处分开。

（3）表面部分要适合床的顶部是至关重要的。必须准确测量床上用品以确保精准匹配。

（4）碎褶床罩通常只适用于量身定制的床铺，或者另一张具有相同尺寸的床。

（5）大多数碎褶床罩不能折叠翻转。

（6）衬布和衬里可以增加床罩裙边部分的蓬松感。

（7）要使完成的外观达到专业水准，应在面板和侧板接合处的接缝处使用微贴边或饰边进行美化。

碎褶床罩

有贴边的单褶皱裙边。
246

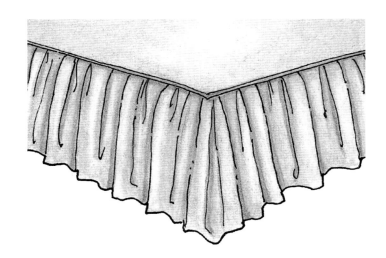

扇形面，抽褶的镶边间隔
地、均匀地环绕在裙边周围。
247

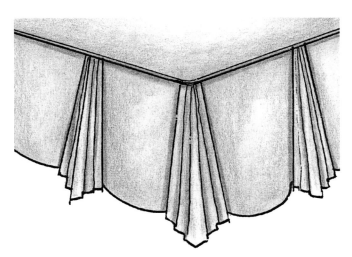

单褶，下摆有装饰褶。
248

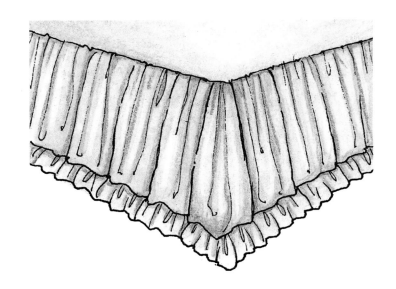

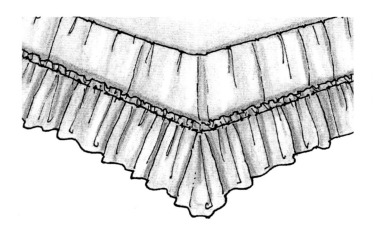

裙边底部稍微收起，带单褶荷叶边。
249

三重渐变荷叶边，丰满度沿着裙边的下摆渐渐收缩。
250

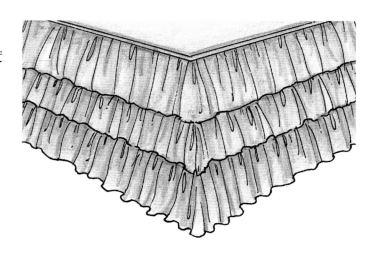

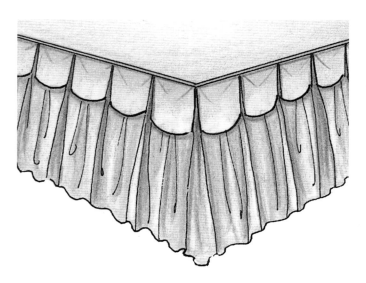

单褶裙边，顶部有较长的扇形边缘。
251

这款碎褶床罩填充了少量棉絮，簇绒上使用丝带结作为装饰。当用薄纱罩裙覆盖不透明的底裙时，这种设计效果非常突出。裙边应该加衬里，以使其蓬松丰满，与填充面相匹配。

252

这款碎褶床罩将裙边褶皱固定在一张平整的底裙上，使褶皱能保持在固定的位置上，底裙与裙边在底部相连。下摆有饰边和装饰性褶边修饰。这种设计使裙边颇具蓬松感，而同时又能展现裙边的光滑线条。

253

　　在为儿童床进行设计时，要重点考虑这些床品面临的频繁洗涤的需要。为了避免拆下床裙，这款床罩看似由多重结构组成，其实它们都是一体的。带有尖头扇形边缘的人造毛皮布通过底裙连接到双褶皱裙边上。这种设计使床品可以整体取下，便于洗涤和更换。

254

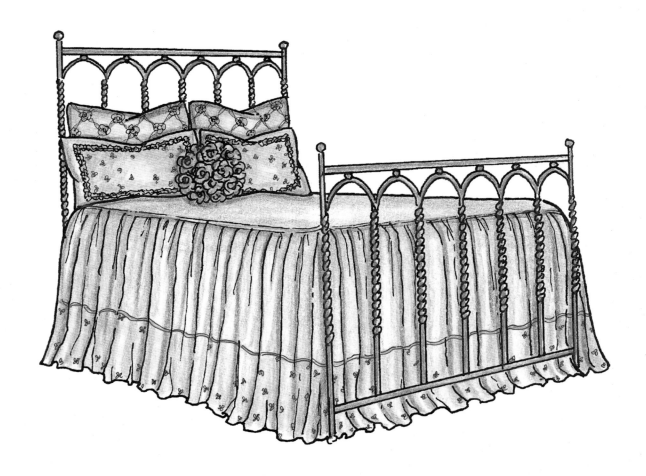

这款床罩修长、流畅，褶皱密集，下摆处有由对比面料制成的宽阔的饰边。另一条饰边在表面遮住了裙边顶部。这种设计适用于薄纱罩裙，是覆盖于不透明底裙的款式。使用薄纱时，下摆有丝绦坠饰或褶边效果为佳。

255

对于不想将床铺完全遮盖起来的客户，可以考虑半遮蔽式的床罩。如图所示，这种床罩从床脚延伸到床的一半长度处。这种类型的床罩既能为脚部保暖，同时又能让床铺的上半部分显得轻巧自由。如果需要，还可以将它简单地折起以覆盖更少的床铺。

256

这款床罩的裙边为双褶皱，且在
床柱处分开。床角处有由对比面料制成
的装饰性绑带，床罩铺好后，可将床脚
固定在床柱上。裙边的褶皱形成的顶边
暴露于床罩表面，增加了质感和趣味。
257

包裹式床罩

包裹式床罩由多个部分组装在一起，以覆盖床垫的整个表面和侧面，严密收紧于床垫之下，使其包裹得更加密实。

包裹式床罩有一个顶部或面部，平铺于床垫的顶部。

包裹式床罩可由三个独立的部分组成，也可以由一个连续的部分组成裙边的两侧和底部。这些部分沿长边聚集，或在裙角处分开，以便制作出舒适合身的床罩。

表面部分适合床的顶部是至关重要的，因此必须准确测量床上用品以确保精准、匹配。

包裹式床罩通常只适用于量身定制的床铺，或者另一张具有相同尺寸的床。

大多数包裹式床罩不能折叠翻转。

要使完成的外观达到专业水准，应在面板和侧板接合处的接缝处使用微贴边或饰边进行美化。

可以在床罩中加入类似于床笠的有弹性边缘的底裙，使其能够紧密地贴合床垫。

包裹式床罩

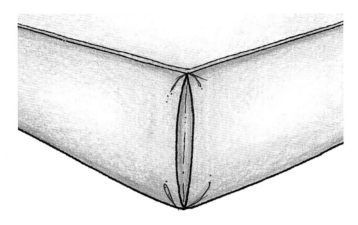

床角处有单褶，表面有饰边。
258

三片式罩裙，看起来如同传统
的褶皱床罩。
259

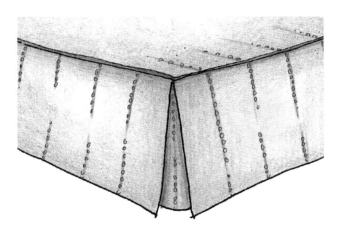

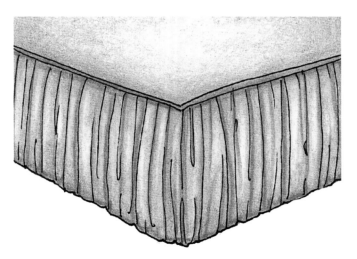

面料紧紧贴合于床铺表
面，使两侧更有趣味。
260

有一个独立的褶皱面，并插入裙边。在面板后将褶皱缝合，有助于保持外观整洁，防止这些褶皱随使用时间增加而下垂。

261

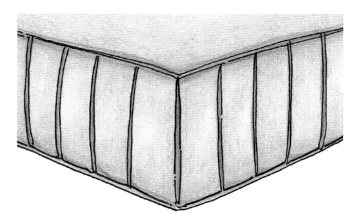

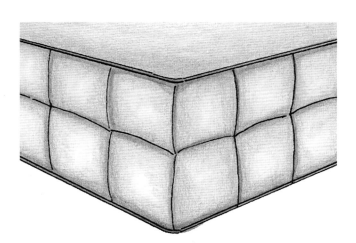

侧面以棋盘形式绗缝，边缘处滚边。

262

对角和水平的绗缝线形成相交线，交叉点上的装饰扣强化了图案效果。

263

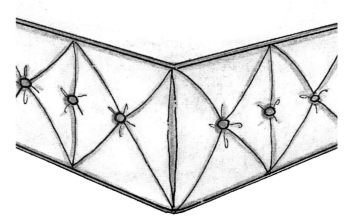

此款床罩中，由对比织物制成的
皱纹带拼接在其中，并使用丝带和花边
修饰。条带的线条与床尾板的线条相互
呼应。抱枕上也使用了类似的条带来加
强主题。

264

最简单的床罩是一个整体，头部和脚部都是具有弹性的边缘。它类似于床笠，铺在床上，并在床垫下方收紧。请注意，如果与铺盖不匹配，拐角处会出现明显的褶皱。

265

当在包裹式床罩表面使用大型插入件时，要将裙侧和裙脚部分分片，并在床角处以45度角拼接。这样比接缝直接从面部边缘延伸下来的要美观。

努力使床罩从四周向床垫处收紧，有助于将表面部分正确定位。有四边，中心就容易处于合适的位置。

266

枕套

枕套是一种功能性、易拆卸的床枕护罩。它保护枕头免被身体油脂弄脏污，同时，其表面光滑、舒适，为使用者带来更好的体验。

枕套一端开口，便于轻松套入或取出枕头。

枕套应选用耐用的可洗涤织物制作，如棉花或棉混纺。

如果使用饰边或其他装饰品，也应该可以洗涤。

面料和装饰应在加工前进行预清洗，以避免缝合后收缩的情况。

枕套会与使用者的脸部和皮肤接触，因此在选择面料和装饰物时要充分考虑这一点。不要使用可能会刮伤皮肤或吸附头发上装饰品的面料和装饰物。

在套入枕套前，可先使用由超细纤维面料制成的贴合型枕套包裹枕头。这样有助于延长枕头的使用寿命，还可以防止羽绒或羽毛钻出枕套，也可以减少尘螨的出现。

常用床枕尺寸

枕头型号	枕头尺寸	枕套尺寸	面料码数
欧洲	0.7米×0.7米		
特大	0.9米×0.5米		
大号	0.8米×0.5米		
双人	0.7米×0.5米	0.8米×0.5米	115 码

*面料码数基于一个普通的双折叠边枕套估算。

枕套加工

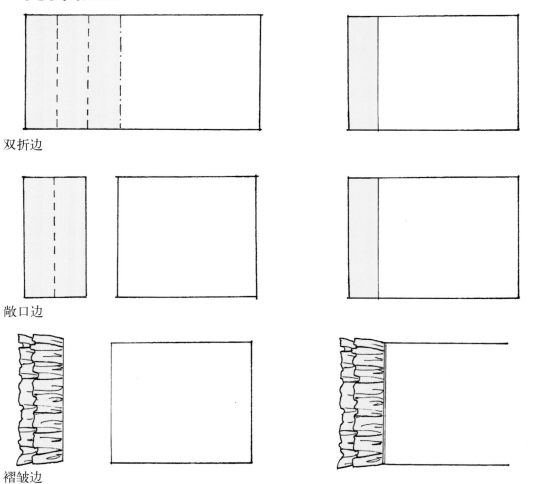

双折边

敞口边

褶皱边

碎褶枕套

单褶，摆缝处贴边。
300

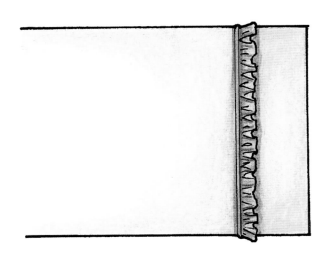

摆缝处单褶。
301

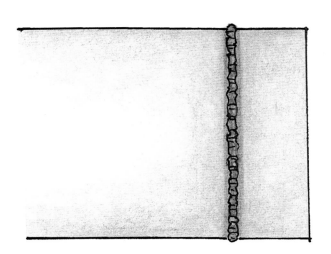

沿中线抽褶，缝于摆缝表面。
302

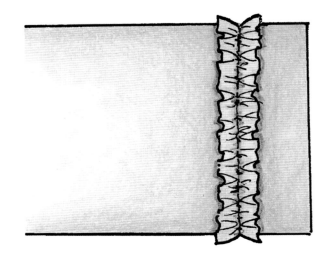

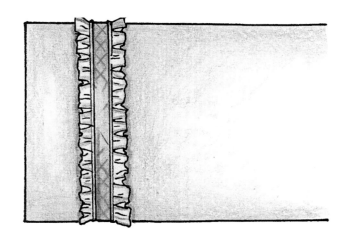

有小贴边的装饰带，两侧边缘有小碎褶。

303

长单褶，褶边有细碎的荷叶边，摆缝有小贴边。

304

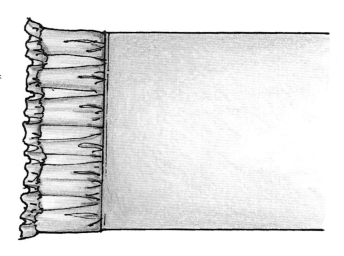

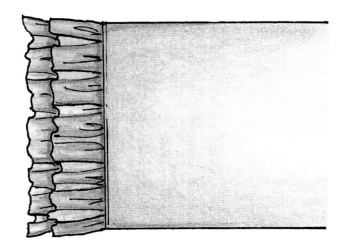

双层褶，摆缝处有小贴边。

305

超长手风琴褶，缝于摆
缝处。
306

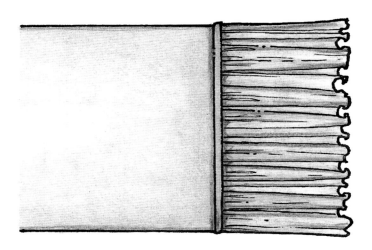

枕套边缘为扇形，贴边缝
合为超长褶边。
307

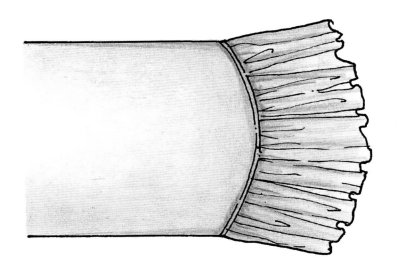

泡泡褶，贴边缝于摆缝处。
308

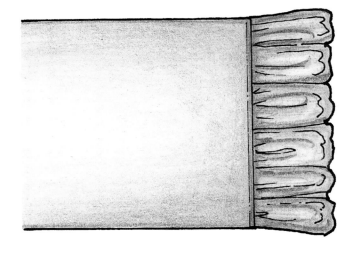

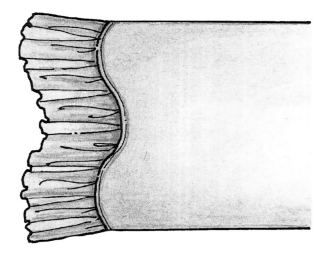

单面褶，贴边缝合于波浪形边缘。
309

扇形的褶边贴边缝合到枕
套面布边缘。
310

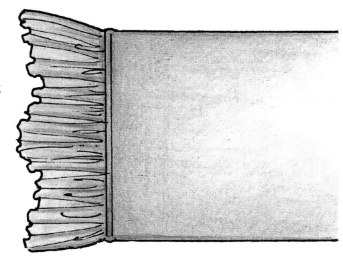

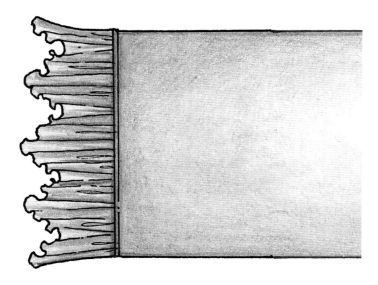

锯齿状褶边缝合到枕套
面布边缘。
311

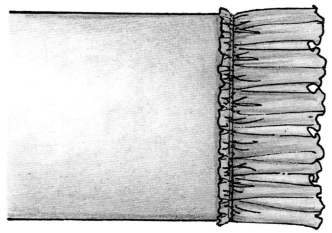

双面褶缝合在直边缝上。装饰线条覆盖了表面线迹。
312

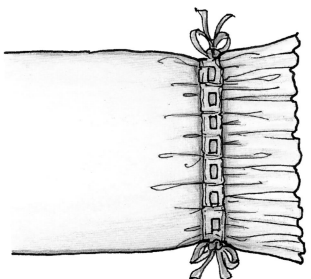

枕套边缘有纽扣孔，在中间穿入丝带。条带缝合在枕套面布和褶边之间。当丝带被拉紧时，封口收缩，枕套裹紧枕头。也可以使用预制孔眼饰边。
313

枕套面缝制时由有反差的面料制成单褶，单褶上由尖头扇贝形边缘覆盖。贴边在面缝处造成断裂。
314

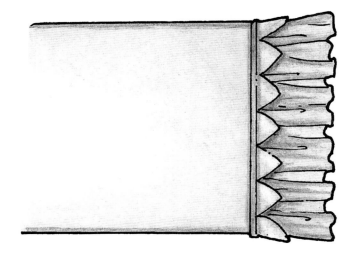

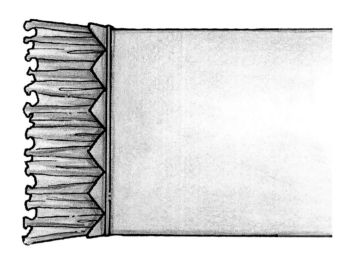

手风琴褶皱顶上有狭窄的锯齿形饰边，并采用有反差的贴边。
315

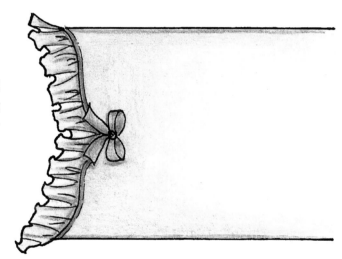

在这种形状独特的面布边缘添加褶边后，枕套显得更加优雅。中心处的蝴蝶结强化了效果。
316

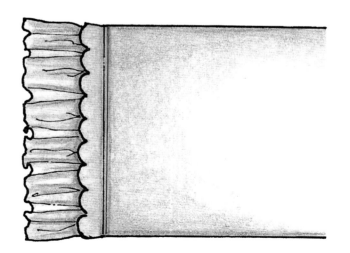

由有反差的面料制成的扇形条带覆盖于单褶之上，与面布直线缝合。
317

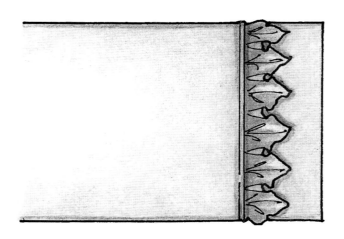

宽阔的之字形带被制成花式褶皱，缝合于摆缝处。
318

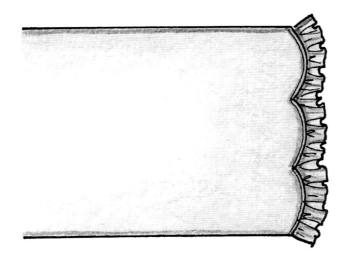

面布为扇形边缘，缝接短褶边。
319

在由有反差的面料制成的摆边中央抽褶，平添质感与趣味。
320

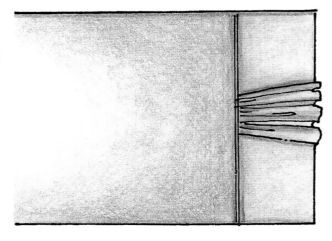

打褶枕套

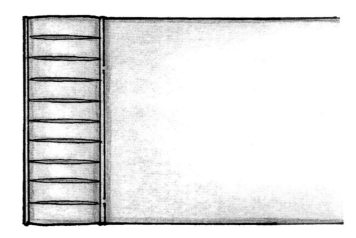

枕套摆边部分缝接工字褶
条带。条带双侧贴边。
321

宽工字褶，带有反差的贴边。
322

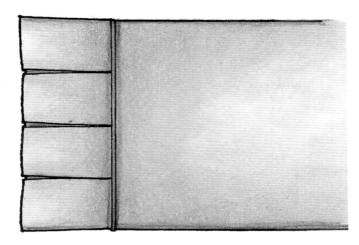

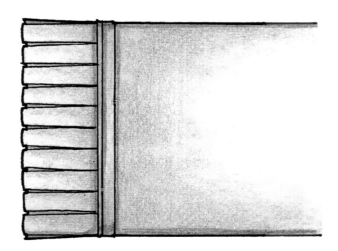

细长工字褶，接缝处是由
有反差的面料制成的条带与贴
边，将其与面布区分开。
323

三个大工字褶，顶部有反差的条带，条带上每个褶裥处有醒目的包扣装饰。
324

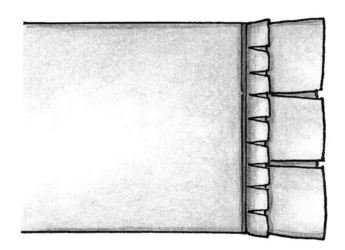

大工字褶边顶端有一排小工字褶边。两者比例是3：1，即3个小褶对应1个大褶。
325

扇形褶让这个边缘面貌一新。
326

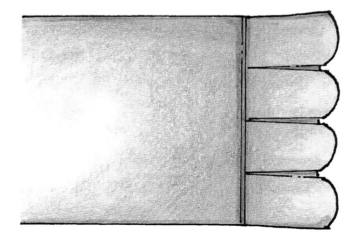

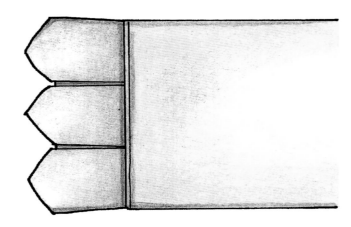

褶边底部折叠成锯齿形。
327

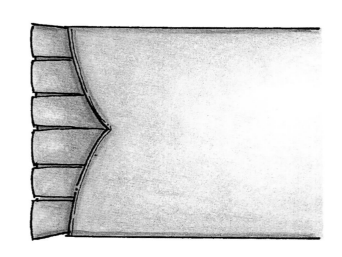

将褶边缝合到面布上，扇形的面布边缘可以折叠于褶边之上，带来一种分层的视觉效果。
328

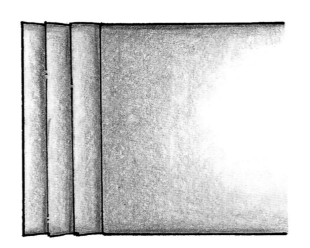

褶皱垂直于表面。为了使每一边都有这样的效果，可以将面料裁剪成圣诞树的形状，就像刀旗一样。
329

抽褶枕套

抽褶的面料固定于摆边部分的表面。
330

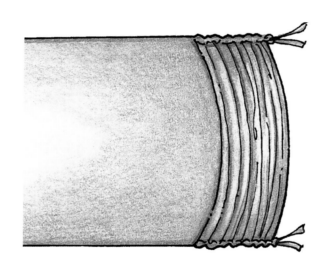

可收紧的抽褶，枕套扇形末端留出额外面料——相当于枕套宽度的一半，两侧各缝一个套管，穿入一条抽绳，以便扎束出褶皱。
331

这款是摆边仿效气球式的抽褶。丝带起到装饰作用，用纽扣固定，粗缝至边缘处，可将其扎成蝴蝶结。
332

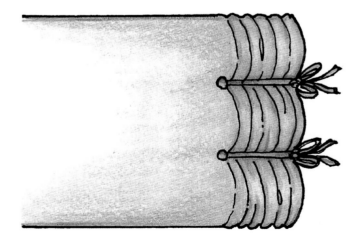

直边枕套

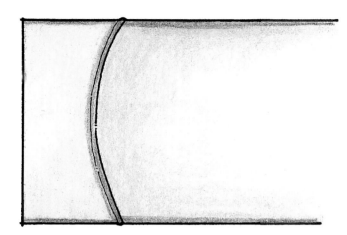

这款枕套中的摆缝为曲线，由有反差的贴边将面布与直线摆边区分开来。
333

扇形边缘将表面与直线摆边区分开。沿着扇形边缘或直摆缝缝合。
334

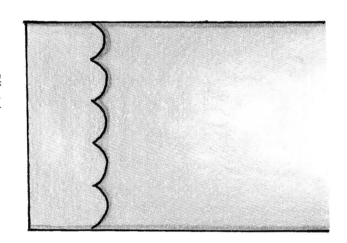

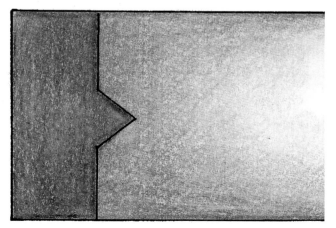

向内的V形摆边是整款设计的焦点。
335

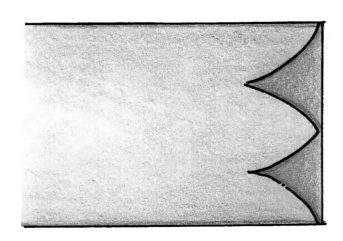

尖头扇形的表面与下摆形成反差效果。
336

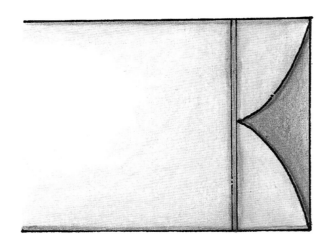

由有反差的贴边勾勒出深凹的线条，露出下摆的有反差的面。
337

下摆由有反差的面料制成，在表面深凹处显露出来。
338

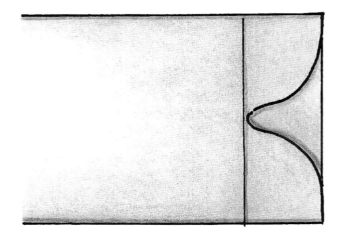

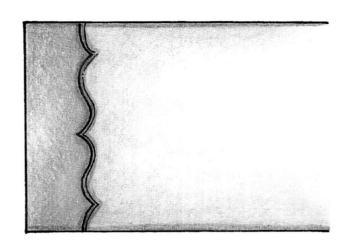

有反差的饰边在枕套表面与下摆之间组成了正反相接的扇形图案。

339

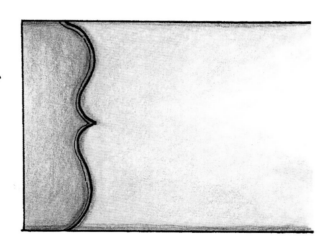

这个有反差的下摆的核心颇具地域特色。

340

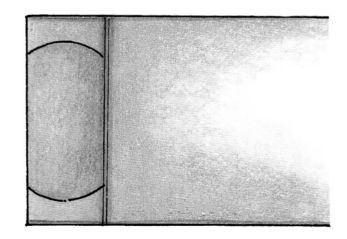

在下摆部分缝入圆形这种有反差的图案。可以考虑将末端向内开口，效果会有很大改观。

341

使用三个有反差的颜色的直线条饰边构成下摆部分，简洁、突出细节。
342

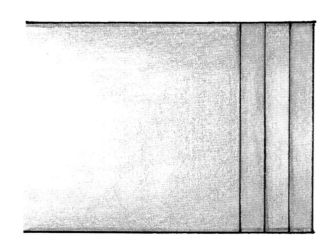

将有反差的织物拼接在一起，或者直接使用这种形状的贴布装饰，即可实现此类下摆的设计。
343

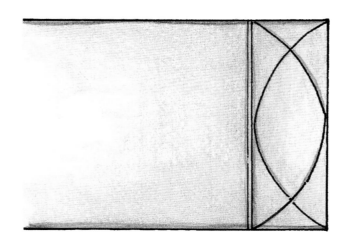

此设计将有反差的面料拼接在一起，呈现立体感。
344

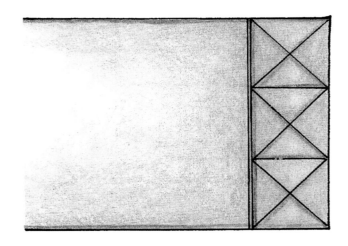

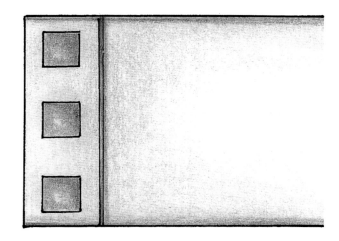

下摆部分的方形插件为简
单的设计增添了色彩和细节。
345

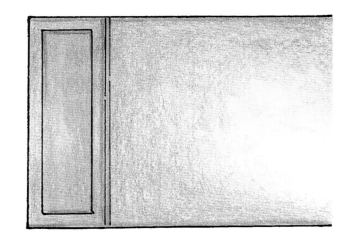

在有反差的面料中缝
入单个方形插件可以使设
计形式非常戏剧化。
346

偏光条带或柔性饰边几乎
可以被制成任何形状，可以考
虑用来修饰枕套。
347

这款枕套中所使用的斜格设计，可以通过调整有反差的面料裁剪的角度，来控制其感观效果是微妙的还是突出的。
348

对下摆部分进行绗缝，是一种增添细微纹理的方式。
349

下摆前重叠的扇形之间露出有反差的面料的表面。
350

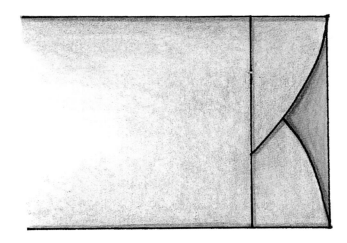

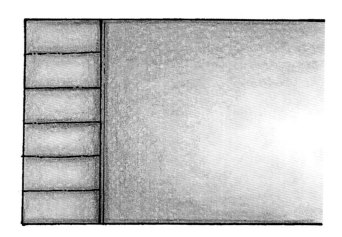

通道式的绗缝条纹使下摆显得更加柔和。
351

丝带可用于修饰下摆，可运用直线条构建多种图案。
352

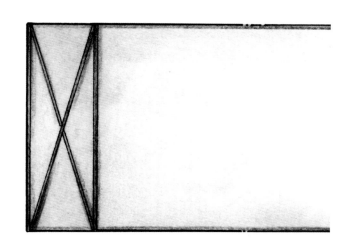

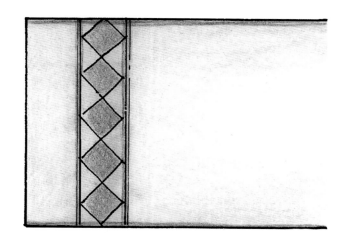

一个棋盘插件缝合于表面与下摆之间，并由有反差的贴边勾勒。
353

两层三角形彼此叠加，形成锯齿形边缘。
354

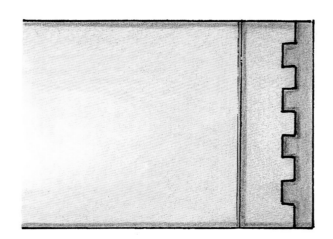

齿状凹槽在有反差的下摆的衬托下突显出来。
355

弧面钻石状贴花连成一线，将枕套表面与下层区分开。
356

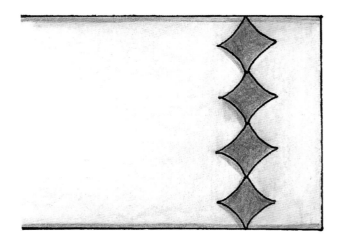

异形枕套

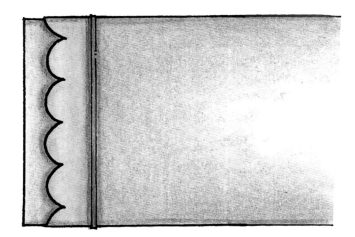

浅弧度扇形宽带突出了下摆线缝。

357

表面依照摆边样式重复使用扇形。

358

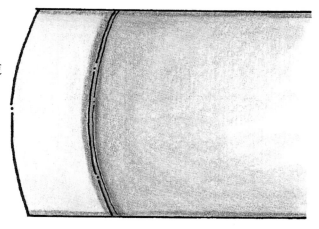

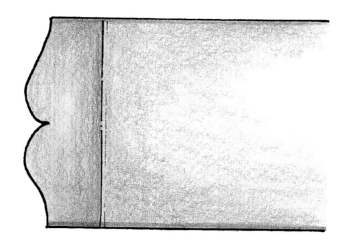

当下摆具有很精巧的形状时，有必要添加衬布。

359

边缘细腻的贴边有助于保持下摆的形状。
360

这个扇形的下摆在两端各有一个喇叭口，以突出设计的曲线。
361

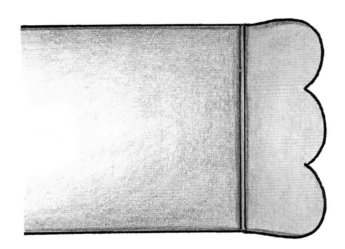

当这个斜边圆底的插件应用于下摆处时，平整的枕套看上去更具立体感。
362

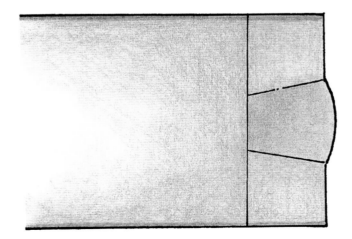

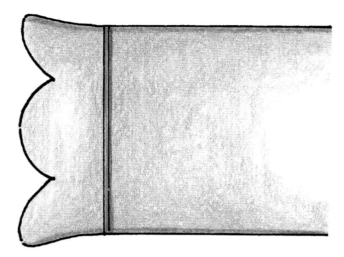

这个扇形下摆有宽阔的喇叭口，看上去拓展了末端的宽度。
363

一个简单的扇形下摆，被面料折叠形成的褶与面布表面区分开。
364

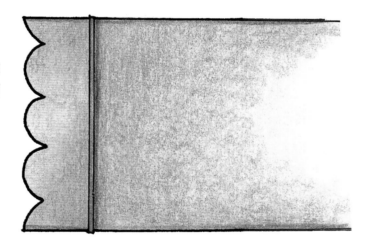

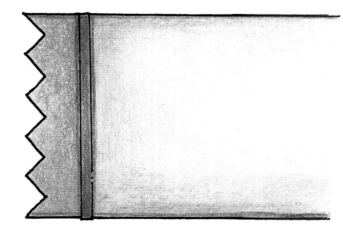

面缝上醒目的条纹突显了锯齿形的边缘。
365

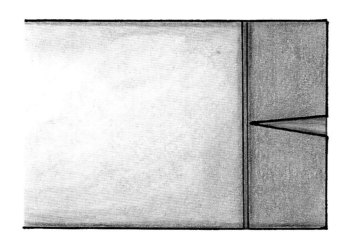

下摆内部的表面从下摆正面分开的窄缝中露出来。这样的设计一定要多预留一些长度，以确保不会从切口处看到枕头。
366

饰扣枕套

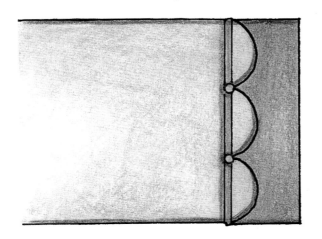

在有反差的边的线缝上，使用三条扇形装饰固定在有反差的条带上，并以纽扣装饰。
367

超长下摆，有扇形边条。有反差的条纹在表面线缝处外翻折叠，露出其有反差的面，并以包扣固定。
368

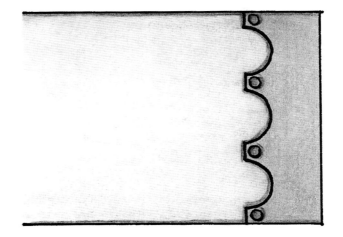

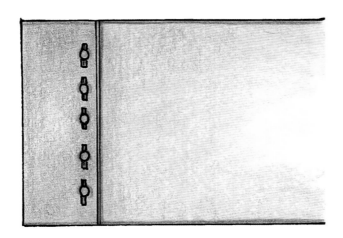

这款枕套的下摆部分被翻折，使用扣眼和有反差的纽扣固定。
369

这种深凹、尖锐的扇形边缘赋予这款枕套不一样的外观。表面上的按钮强调了每个凹点。
370

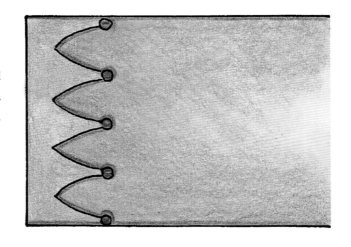

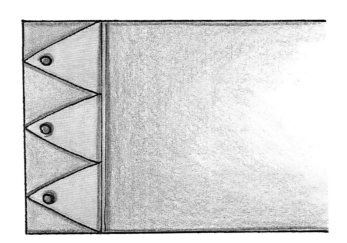

将有反差的面料制成的小旗插入面缝中，指向下摆的边缘，并使用装饰按钮将小旗固定在适当位置。
371

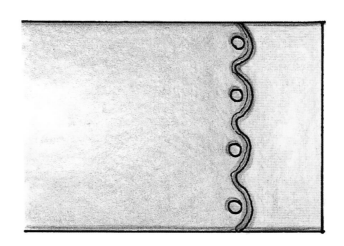

有反差的贴边和纽扣突
显了表面的波浪纹路。
372

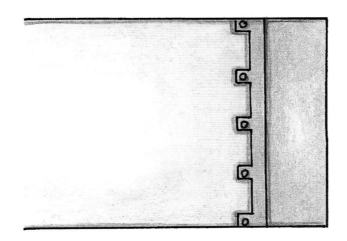

将带有签耳的饰带缝入面
缝，翻折过来，并用小纽扣固
定到位。
373

在面缝中缝入带突片的
饰带，翻折后用纽扣固定。
374

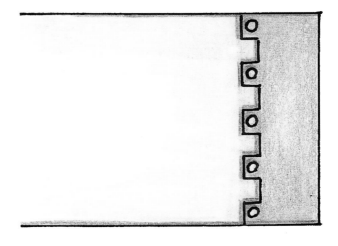

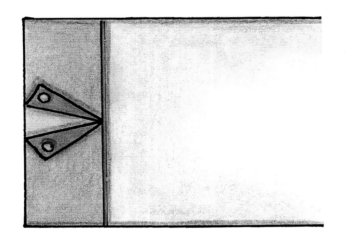

下摆中心处有燕尾式开口，翻折后用纽扣固定，露出有反差的面。
375

下摆分开并重叠以形成凸缘开口。用纽扣装饰，并收束开口。明缝针迹增添了细节感。
376

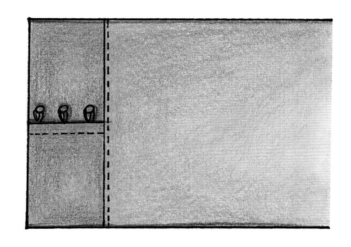

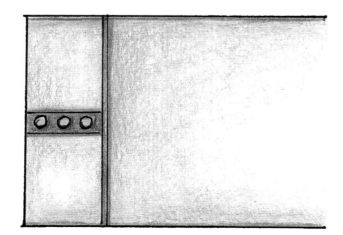

在人造法兰的面布上，缝入一条与线缝垂直的饰带，并用纽扣装饰。
377

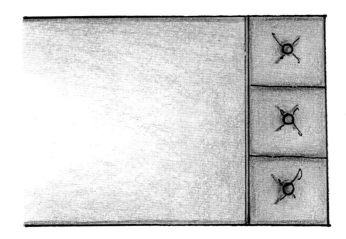

在这款枕套中，衬垫下摆的绗缝正方形在中心处用纽扣簇绒。
378

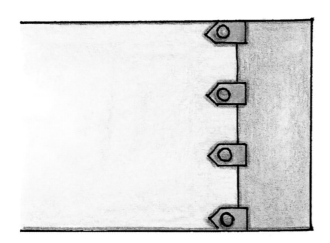

将有反差的突片缝入面缝中，指向下摆的边缘。然后反向翻折，并使用纽扣固定。
379

将浅色的锯齿边缝入面缝中，并用纽扣固定。
380

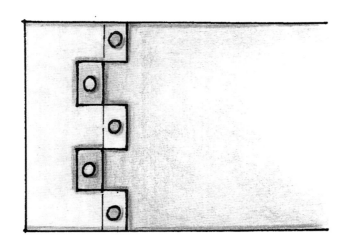

这款枕套上的宽片是分开缝于面缝中的。它们以交替方向折叠，并用纽扣固定。
381

这款枕套的下摆处有两个倾斜的V形切口，切口两侧交错缝合的饰片将其收拢在一起。
382

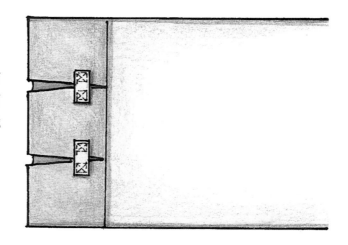

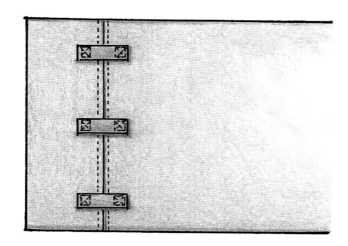

这款枕套设计简洁，线缝两侧为明缝线迹，饰边跨越线缝，两端被交叉缝合固定。
383

绑带枕套

　　由有反差的面料制成的下摆中心处有开口，两侧钉着编织的盘扣。洗涤时应将盘扣系牢，以防在洗涤过程中被损坏。

384

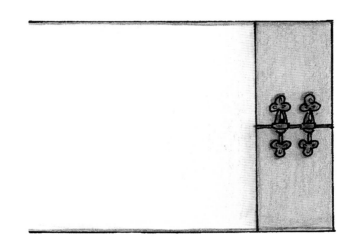

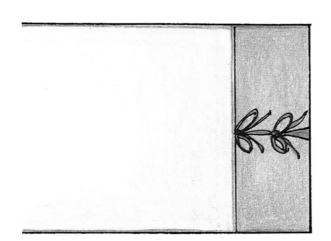

　　在这款枕套中，使用匹配的蝴蝶结将下摆中心的V形狭缝绑束在一起。

385

　　有反差的蝴蝶结在深扇形下摆中突显，同时起到连接固定的作用。

386

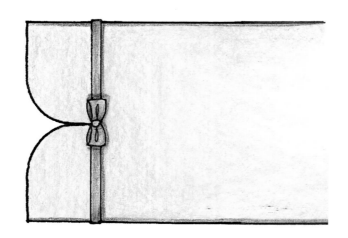

这款枕套的下摆从中心处分开，向外弯曲，形成非常女性化的柔和外观。饰带和中心蝴蝶结强化了设计感。
387

这是一款设计简洁的枕套，面缝两侧有垫圈。有反差的绳索穿过垫圈并绑在两端。
388

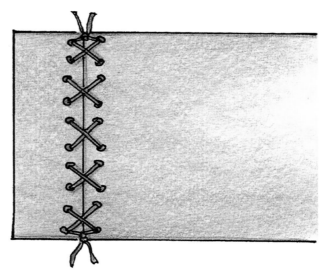

蕾丝饰带插入面布下摆和表面之间。丝带一端不固定，可绑束在一起。
389

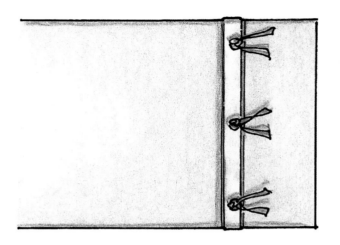

枕套表面和下摆之间的有反差的法兰被穿过纽扣孔的丝带绑束在一起。
390

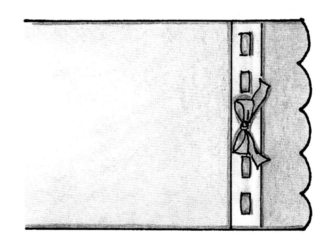

在扇形下摆中镶入蕾丝边。丝带穿行其中并绑成蝴蝶结。
391

在下摆中的V形切口处填充圆形插件,增加了质感,并使这个无褶枕套有了褶皱感。每个插件以小蝴蝶结装饰。
392

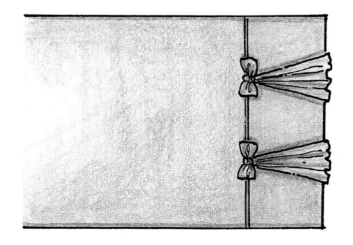

镶边枕套

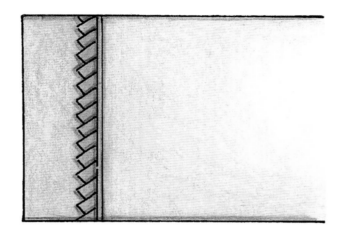

重叠的三角形和有反差的贴边设计使面缝处的镶边更为突出。
393

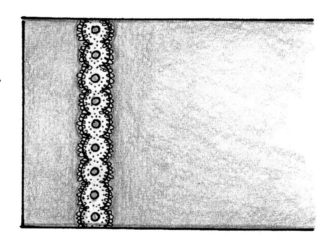

一个简单的蕾丝花边可以装饰任何现成的枕套面缝。
394

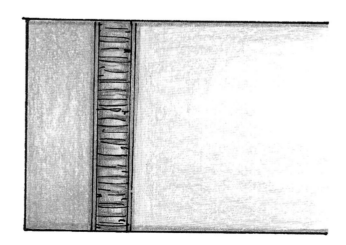

在这款枕套中，两侧有反差的贴边的抽褶条带被用作镶边，缝入下摆和表面之间。
395

连续的圆形贴花为这款
平淡的枕套带来亮色。
396

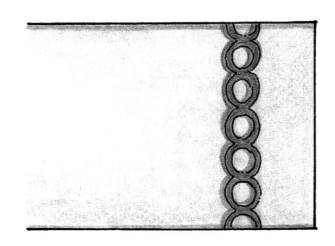

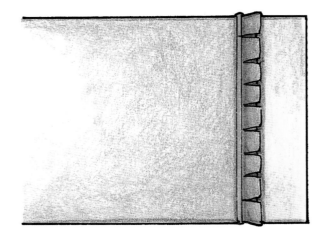

工字褶完善了这个有贴边
的简单镶边。
397

由有反差的面料制成的
浅浅的扇形镶边被装饰于下摆
和表面之间。
398

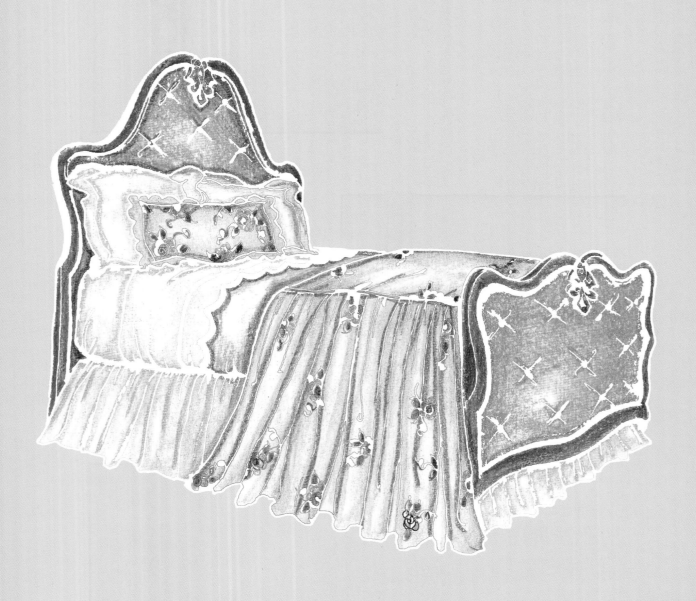

枕头饰套

枕头饰套是四周封闭的装饰性枕套，背面或侧面有一个可封闭的开口用来装入枕头。

饰套既可以是装饰性的也可以是功能性的。功能性饰套每天都会与人脸接触，而装饰性饰套仅用于展示，要在使用前移除。

枕头饰套比枕套更安全，可将枕芯包裹得更稳固，使枕芯减少滑动。

每天都会使用的功能性饰套应选用耐用的可洗涤面料（如棉布或棉混纺布）制成。如果使用饰边或其他装饰，也应选用可洗涤的。面料和装饰应在加工前进行预洗，以避免收缩。

装饰性饰套可以由更精细、可干洗的面料和装饰品制成，因为它们不会经受像功能性饰套那样大强度的磨损和拉扯。

在枕芯套入枕头饰套前，可先将其装入由超细纤维织物制成的贴合型枕套，既有助于延长饰套和枕头的使用寿命，还可以防止羽绒或羽毛钻出枕头。

请务必密切注意饰套面料图案在表面与背面所处的位置。

枕头饰套的加工

　　枕头饰套的设计和加工或简单或繁复。本章所示的设计侧重于表现枕头饰套的边缘或镶边细节。本书"装饰枕"部分所展示的数百种设计中的许多款式也可以做成枕头饰套。

　　枕头饰套可以使用简单的滚边边缘，也可以装饰外部法兰、褶边、褶皱、饰边或其他组合。

　　应特别注意，枕头背面使用的封口的类型和款式。

枕头饰套的组成部分

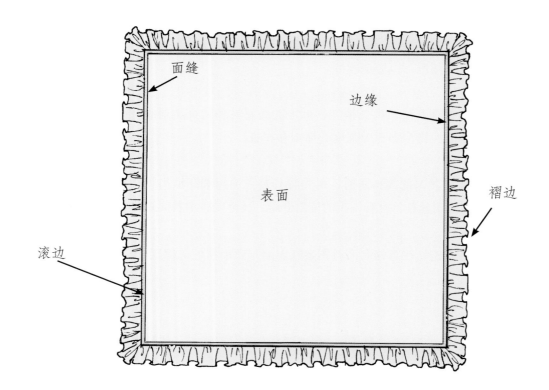

枕头饰套的组成部分

枕头饰套	标准−大号−特大−欧式
刀边	1.5码
抽绳	主体1.5码，抽绳0.5码
松紧带	主体1.5码，松紧带1.5码
褶边	主体1.5码，褶1.5码
双褶边	主体1.5码，第一褶边1.5码，第二褶边2码
平法兰边	2码
平有反差的法兰边	主体2码，有反差的法兰1码
边角结绳	主体1.5码，结绳1.5码

常见封口方法

枕头饰套的背面应该与正面一样美观。

选择适当的封口方式可以为设计添加细节和风格。

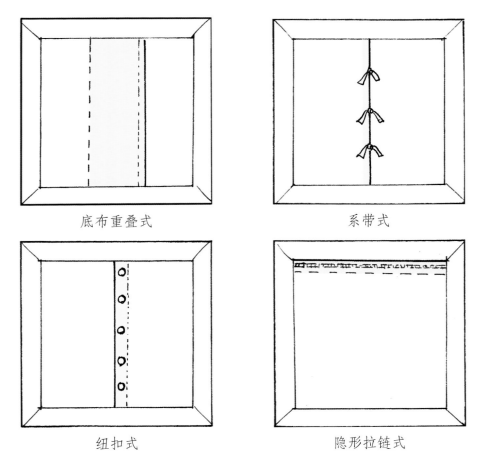

底布重叠式

系带式

纽扣式

隐形拉链式

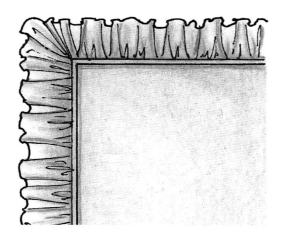

滚边，单层褶边。
400

法兰边，顶部带有双边皱
褶，缝于面缝处。
401

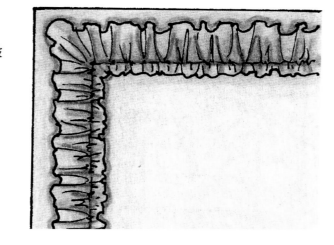

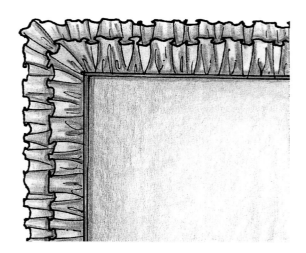

两层长度不等的褶皱构成
阶梯式的双层边。
402

具有短小、细碎褶皱的边。
403

法兰边，以滚边短褶边装饰。
404

一排褶皱的三角形，让这个
枕套的边缘看起来趣味盎然。
405

边框应该在边角处钉入，例如这个短的扇形饰边。
406

为了保持直线，这个锯齿形边框在边角处断开。
407

边角处的小工字褶被钉在一起。
408

边角处的扇形被拉长。
409

在法兰边的线缝处，插入
一条带褶的条带。
410

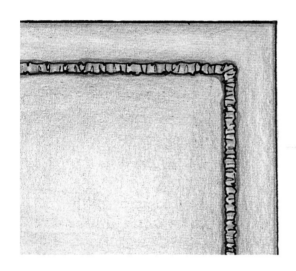

滚边法兰边，以绳带为
分隔线。
411

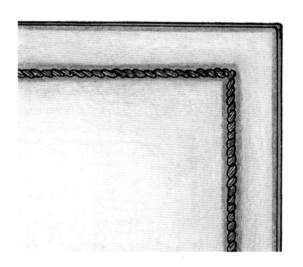

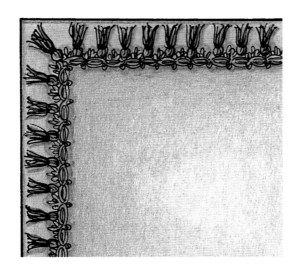

面缝处覆盖流苏。

412

装饰性编织带可用于覆盖面缝，并结成某种造型，起到装饰作用，例如这种鸢尾花。

413

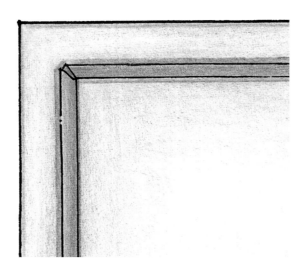

在这个饰套的表面和法兰边之间插入一个小而薄的刀边。

414

这款饰套使用有填充物的法兰边，面缝处是细致处理的有反差的滚边，使其外观看起来十分经典。

415

这款饰套色彩绚丽，有双层阶梯式法兰边。

416

扁平的法兰边在每个角落聚集起来，形成蓬松的褶边。

417

表面有反差的条带，以滚边与法兰边区隔，每个角上都有一个蝴蝶结。

418

法兰边的每个角上露出有反差的面，并装饰以蝴蝶结。

419

盘扣突出了法兰边的角缝，同时确保了线缝的闭合。

420

这款饰套的每个角落处，都以明缝线迹交叉缝合着装饰标签。面缝也采用明缝线迹，以保持风格的延续性。

421

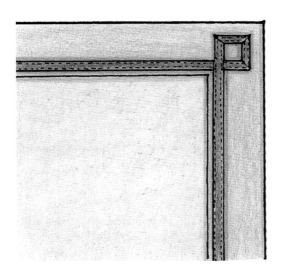

利落的条纹在法兰边的每个拐角处形成一个方形图案。

422

斜裁的织带在法兰边的每个拐角处形成一个环形图案。

423

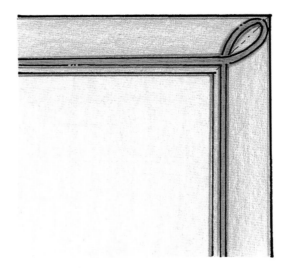

罗纹带以明缝线迹缝于
法兰边表面，使这款饰套别具
一格。
424

花式绗缝线迹使这个绗缝
法兰边看上去更有层次感。
425

垂直于面缝的缝纫线条强
化了这款饰套方正的形式感。
426

这款法兰边表面绗缝则
呈菱形。
427

法兰边打着工字褶，在表
面形成正方形图案。
428

贴于表面的图案装饰着
法兰边的内部。
429

使用饰带可以制作出多种多样的装饰图案。

430

柔性织物带或者金属丝也可以用来制作如图中这种弯曲的设计图案。

431

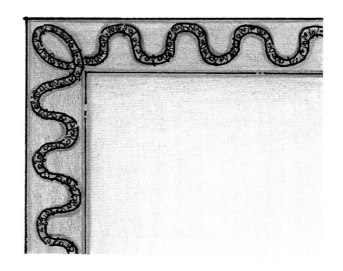

扇形装饰在角落相交，形成一个循环。

432

在法兰表面开扣眼，穿入丝带，并在每个角落处打成蝴蝶结。

433

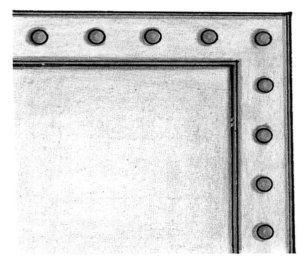

装饰纽扣在法兰边四周均匀分布。

434

扣眼为这个饰套增添了装饰效果。

435

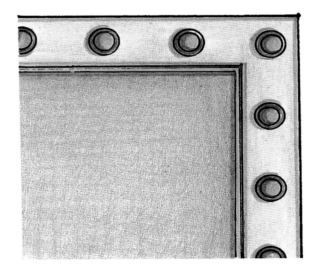

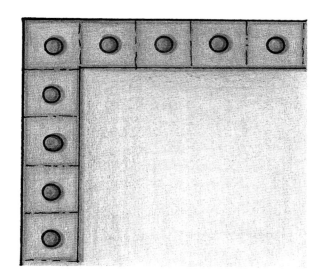

这款绗缝法兰边的每个正方形中心以纽扣装饰。
436

用两条系带打成的花结点缀法兰边。
437

法兰边的边缘不一定是直线的。比如在这款饰套中，法兰的边缘就是尖头扇形的。
438

装饰枕头

装饰枕头，有时被称为"靠枕"，堪称是为床品系统添加色彩、花型、质地和风格的有效的单一元素。它们多彩多姿，形状和风格变幻无穷。

1.枕头可以用作装饰，也可以承担一些重要功能，如用于颈部、手臂或腰部的支撑。

2.选择不同的枕芯，为每个枕头带来适当的外观和支撑。

3.羽绒和羽毛枕芯舒适、奢华，可以被塑造成所需的形状。但是在使用中它们会被压缩，必须拍松才能将它们恢复成原来的形状。

4.聚酯纤维枕芯相对坚挺，不用拍打即可保持原有形状。而羽绒枕芯则可塑性较差，长时间使用后，体积会被压缩。

5.所有枕芯都会随着时间的增加而被压缩。一开始填充过于饱满的枕头可以更长久地保持形状，有助于避免枕套松垮下垂。

6.枕芯应每年清洗一次。这有助于保持其形状，延长其使用寿命。

7.枕套应采用隐形链或其他类型的专业方式封口，除非有特定的原因则另当别论。

8.除了枕头形状之外，在枕头的角落添加一点松散的填充物或棉絮，会使边角显得更挺括、丰满。

许多枕芯制造商和供应商会提供定制尺寸和形状，不必一味拘泥于标准形式。

常见枕形与尺寸

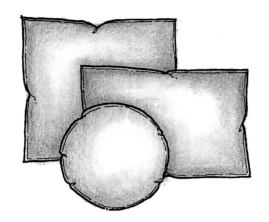

方形、矩形、圆形

立方体、篮球体、圆柱体

三角形、月牙形

盒式

贴边

贴边是一个重要的整理细节，展示着床上用品设计的质量。这是定制床品与现成床品相比较的一个附加差异。贴边用于分离、确定或包含设计的组件，在枕头的加工中尤其重要。

绳贴边
一条连续的对折织物，内部裹入一条线绳。织物应斜裁，以获得最佳性能；当然，如果考虑花型需要，则可以使用平纹裁剪来剪裁织物。

平贴边
一条连续的对折织物，然后再折叠、打褶或聚集成饰边。

刀边贴边

丝线贴边1.8 毫米

双刀边贴边

绳贴边3毫米、4.7毫米、7.9毫米、
9.5毫米、12.7毫米、17.4毫米

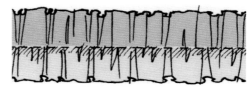

褶皱贴边

大贴边25.4毫米、38.1毫米、50.8毫米

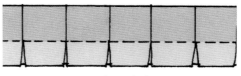

工字褶贴边

带褶绳贴边

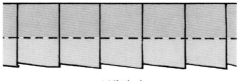

刀褶贴边

拼色枕头

增加枕头设计细节的简单的方法之一就是使用对比织物，在枕面上形成色块图案。

（1）可以通过将不同面料拼接在一起形成枕面图案或色块，也可以通过贴布的方式将对比部分或形状贴合到织物面上形成拼色或图案。

（2）织物的贴面部分必须用缎缝线针迹在原始边缘处完成，或者使用饰边覆盖原始边缘。

（3）如果枕头需要清洗，请确保在加工前将面料进行预洗，以防止成品收缩和渗色。

（4）避免使用明缝针迹，除非这是原设计的一个组成部分。明缝针迹会引起褶皱和聚束，尤其是在弯曲的边缘处。

请注意当面料有重叠部分，且浅色覆盖深色时，可能会渗色。

创建有方向的图案

　　改变条纹面料或对比面料部分的方向和位置是增加设计感行之有效的方法。从床罩到枕头饰套，图案的有效运用都会带来事半功倍的效果。这里提供一些组合，从简单到复杂的组合皆有。

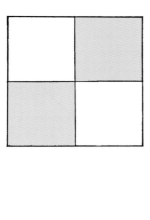
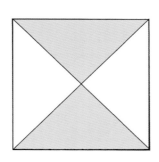
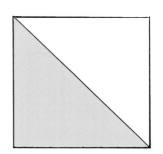

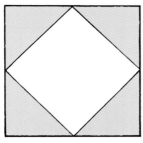
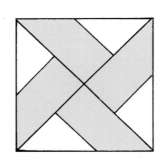
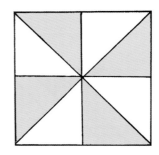

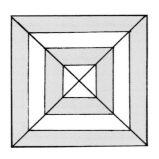
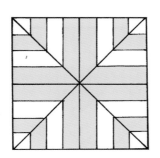
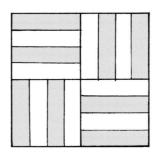

拼色枕头

对角线
441

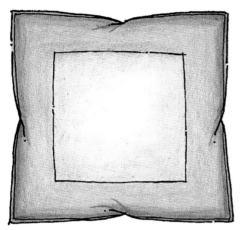

方形中心
442

钻石中心
443

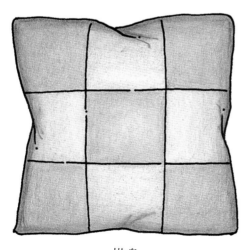

棋盘
444

不对称色块
445

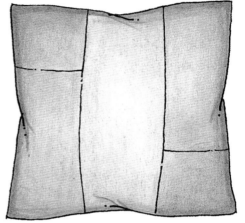

不对称色块
446

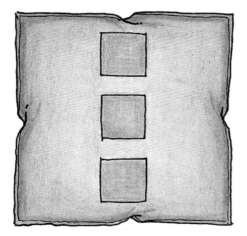

中心色块
447

方形堆叠
448

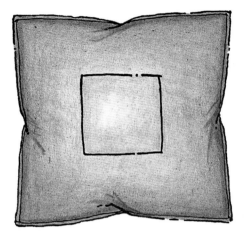

中心方形
449

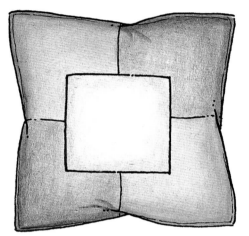

方形加中心方形
450

钻石堆叠
451

圆角加钻石堆叠
452

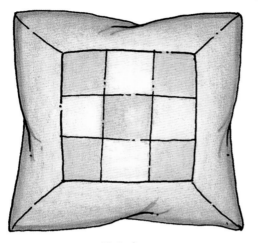

棋盘中心
453

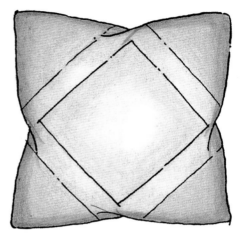

钻石边界
454

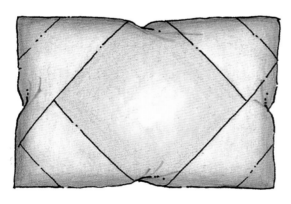

重叠边框
455

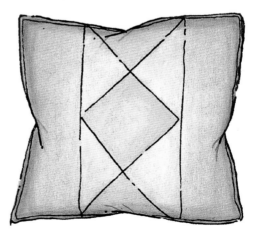

菱格带
456

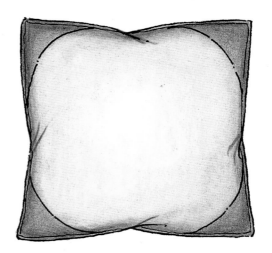

圆角方形
457

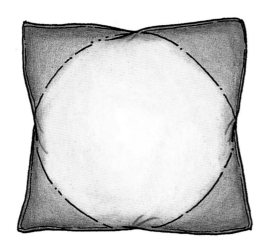

中心圆
458

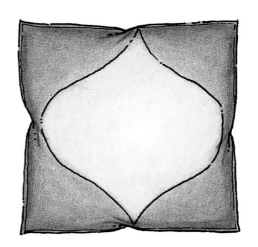

尖角圆形
459

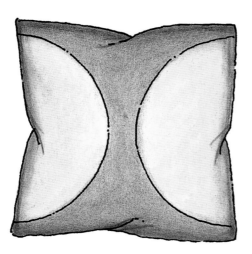

反向半圆
460

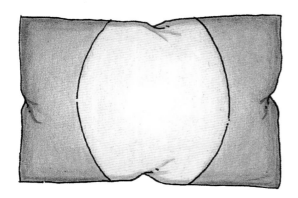

弧线中心
461

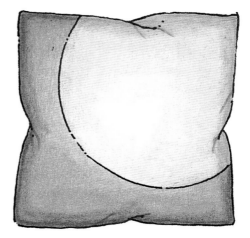

裁剪圆
462

反向环
463

四叶草
464

别致方形
465

别致钻石
466

别致方形
467

别致圆形
468

有丝带的枕头

丝带、辫带或装饰带可用于任何枕面上产生特定的效果。

（1）用丝带来划定枕面的特定区域。

（2）用丝带来创建复杂的图案和设计。

（3）用丝带来覆盖不同面料重叠或连接在一起的接缝。

（4）如果一个枕头使用了几种不同的面料，可以用丝带作为融合各部分的元素。

（5）丝带可以使用可熔带、双面布黏合胶带或饰边胶粘在枕头的表面上。

（6）即使使用其他黏合剂，可能也需要将色带缝合到位，以防止色带随着时间的推移而松动。

（7）使用传热胶带时，请务必使用高温熨斗预先测试面料和饰边是否耐高温。许多面料和饰边在受热时会收缩。

有丝带的枕头

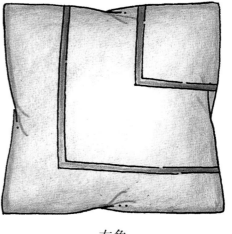

右角
473

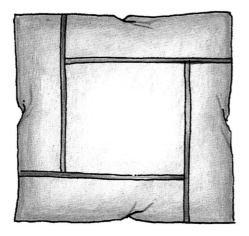

旋转线
474

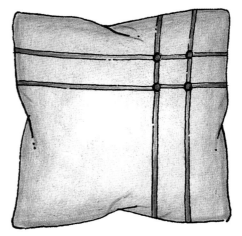

双线角落交叉
475

多重右角
476

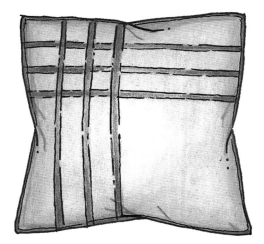

角落交叉
477

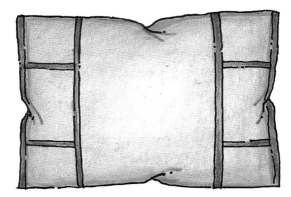

两侧方形
478

对角钻石
479

五方
480

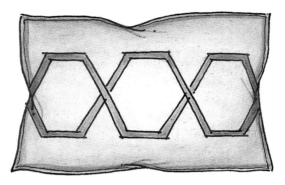

三连六角形
481

交叉钻石
482

交叉钻石
483

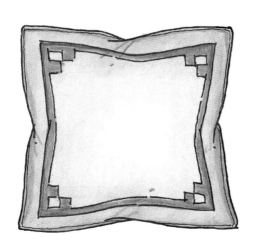

花式边框
484

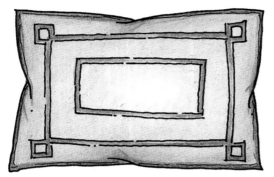

矩形内部包含矩形
485

对角线
486

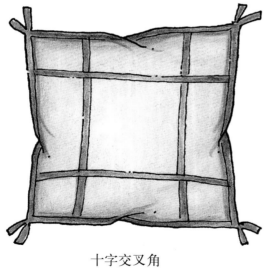

十字交叉角
487

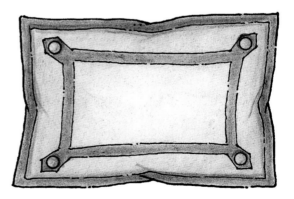

纽扣边框
488

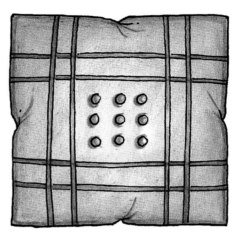

四角双向交叉，方形中心镶纽扣
489

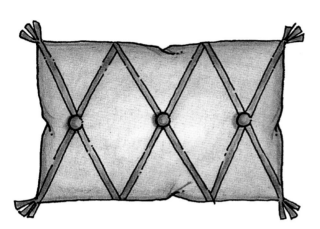

钻石，带纽扣和丝带签
490

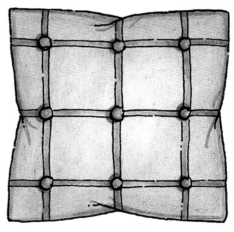

带饰扣的棋盘
491

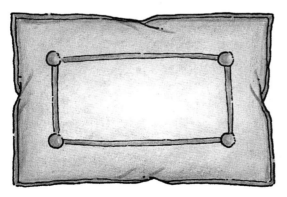

带饰扣中心矩形
492

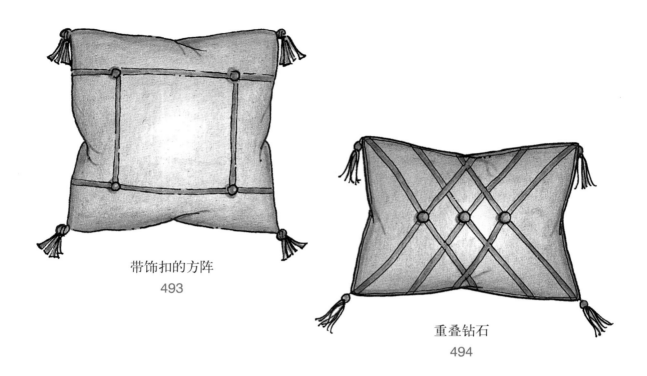

带饰扣的方阵
493

重叠钻石
494

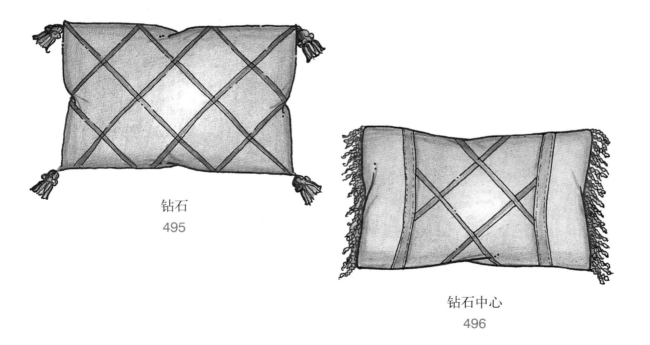

钻石
495

钻石中心
496

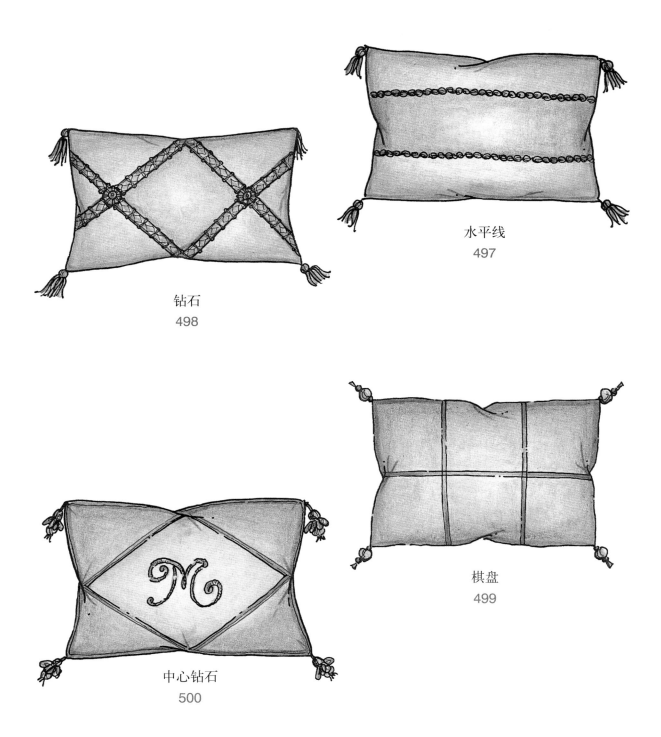

水平线
497

钻石
498

棋盘
499

中心钻石
500

十字交叉角与丝带花

505

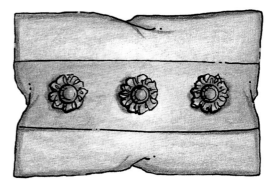

水平丝带，三朵玫瑰装饰

506

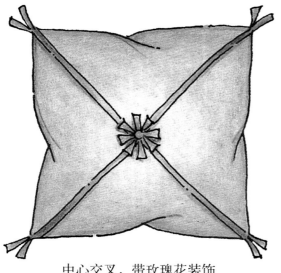

中心交叉，带玫瑰花装饰

507

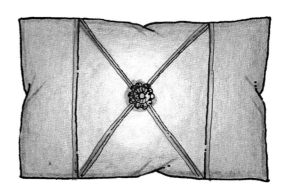

十字交叉中心面板，带玫瑰花装饰

508

有饰扣和封口的枕头

纽扣及其他紧固元件，如搭扣、牛角扣和盘扣，可以增加枕头的细节和纹理。

封口的类型
（1）装饰纽扣。
（2）包扣。
（3）装饰按扣。
（4）盘扣。
（5）搭扣。
（6）牛角扣。

饰扣与扣眼或扣环搭配使用时，可以起到封口的作用，当然也可以只用来做装饰。

如将饰扣放置于枕头上经常被接触的区域时，一定要选用不会刮伤或刺激皮肤的包扣。

确保在缝制过程中，承重的饰扣使用多股捻线缝合并反复打结，以防止饰扣松动或脱落。

提供额外的一、两个饰扣以备替补或更换。

在清洗枕套之前，应先拆下装饰纽扣。

使用墨迹可消失的记号笔在面料上标记饰扣的位置。这样，万一纽扣脱落，枕头上也不会有明显的标记。

有饰扣和封口的枕头

四个三角形襟翼附在这个枕头的周围。它们折叠于枕面，并使用对比饰扣在中心固定。

509

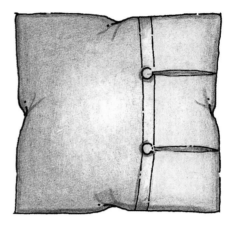

两个反转的工字褶垂直于对比色带，包扣装饰使其更为突出。

510

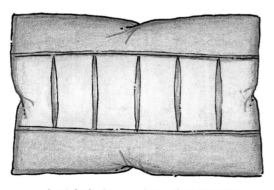

水平方向上，一条褶皱面料带穿过枕头的中心。以贴边与侧边带区分。

511

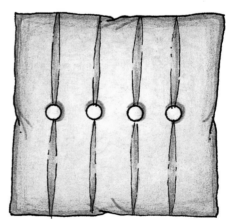

一组倒褶褶皱在中央收紧，并使用对比饰扣固定。

512

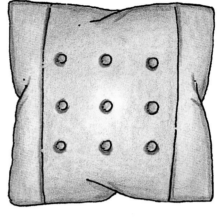

枕面添加套筒，并以几排饰扣装饰。
513

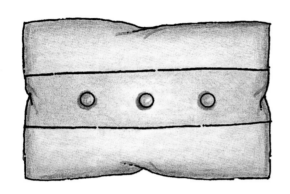

　　两端分别固定于枕头两侧一条
对比面料带，再使用三颗对比饰扣
固定于枕面。
514

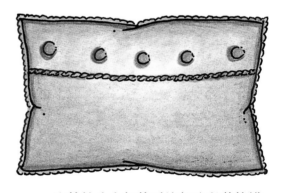

　　这款枕头上部的对比部分以装饰辫
带区隔，五颗饰扣突出了其装饰效果。
515

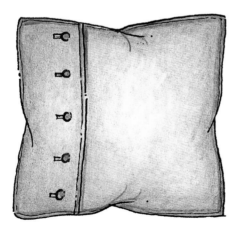

　　一侧对比面料的表面，装饰着一
列不起作用的纽扣和扣眼，看上去似
乎是一片独立的舌片。
516

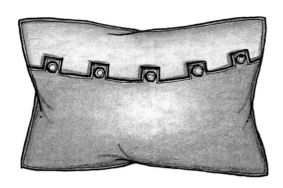

这款枕头的下部覆有对比面，并以
饰扣固定。
517

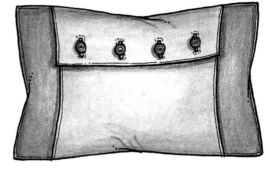

单独的面料被包裹在枕头上，并使
用饰扣将面料扣在一起。
518

枕面分开，露出对比面。装饰性盘
扣在中间将开口两侧聚合。
519

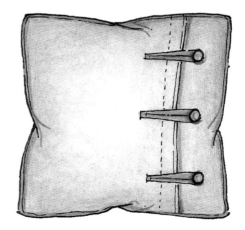

除枕头末端外，枕面完全被一个重叠
的侧片覆盖。布制扣环环绕着对比饰扣。
520

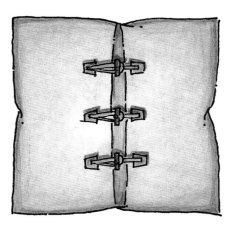

从枕面中央一条裂缝中露出对比面，由皮革和木材制成的牛角扣将裂缝聚合。
521

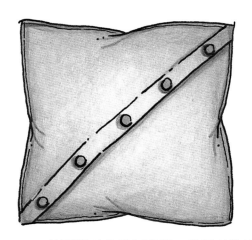

枕面沿对角线打宽褶，并用对比饰扣按压固定位置。
522

枕面对角线一侧有带突耳的叠加层，每个突耳用饰扣固定位置。
523

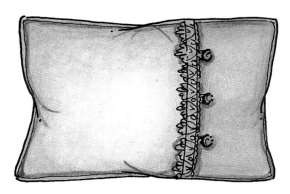

由两条装饰饰边组成的条带纵向贯穿枕面，扣环中系着饰扣，看起来仿佛是一个功能性的开口。
524

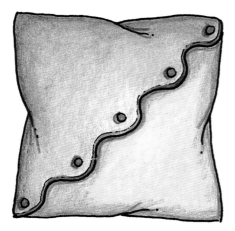

叠加层有着扇形边缘，为整个设计增添了一道趣味盎然的曲线。

525

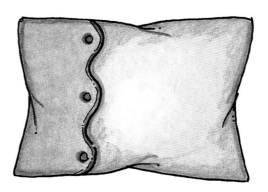

一个带饰扣的侧片纵向覆于枕面一侧。

526

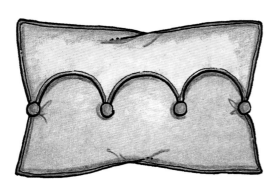

枕头上部的叠加层有三个倒立的扇形，边缘相接处形成尖锐的点。每个点都用一颗大饰扣固定位置。

527

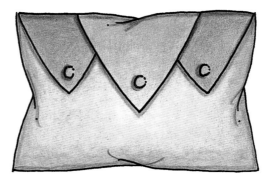

枕面上部，一个角大的三角形舌片覆盖于两个较小的舌片上。用饰扣固定位置。

528

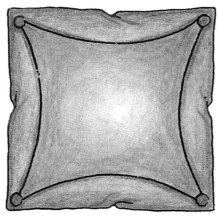

在枕头的表面上使用独立的对比面料，四周向内弯曲，四角用饰扣固定位置。

529

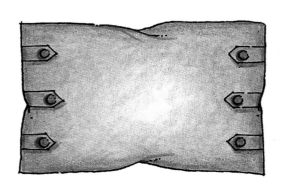

尖头装饰突耳缝入侧缝中，翻折在枕面上用饰扣固定位置。

530

装饰突耳缝入四角的接缝处，翻折到枕面上，用饰扣固定位置。

531

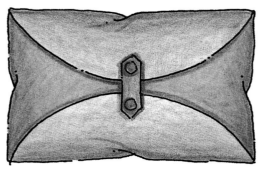

两个扇形侧片缝入上部和下部的接缝中，并翻折到枕面中心，用饰扣固定位置。

532

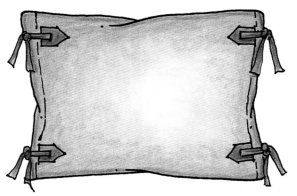

枕头正反面衔接处有对比侧片，四角附有布制绑带及装饰性底座，两侧均打结。

533

装饰性的钱包搭扣被用来修饰枕面。

534

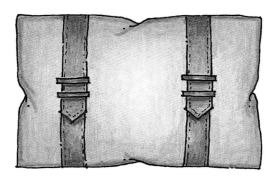

布制的长带缠绕在枕头一周，并穿过同样的布制环圈来固定。

535

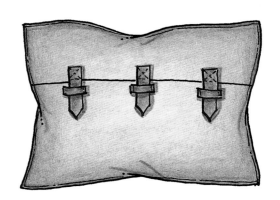

皮革被切割成小巧的尖头突耳，做成迷你皮带封口。

536

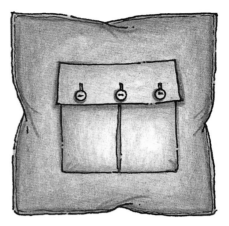

枕面中心有一个打褶的口袋。口袋盖以功能性纽扣固定位置。

537

两个三角形舌片被缝入枕面上部和下部的接缝处。舌片在中心重叠，并使用功能性纽扣固定位置。

538

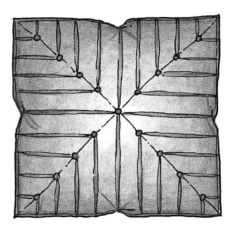

该枕面的三角形部分被打褶，使得当它们连接在一起时，褶皱形成图案。相交的褶皱线上缀着小饰扣。

539

枕面两部分反向打褶，缝合在一起时，褶皱形成图案，相交的褶皱线上缀着小饰扣以突出效果。

540

带蝴蝶结和绑带的枕头

蝴蝶结和绑带可以丰富枕头的设计，带来丰富多彩的创意。

（1）它们既可以是设计的装饰添加物，也可以用于功能性目的。

（2）它们可以由面料制成，应加内衬并翻转，以使其不会露出毛边。

（3）使用丝带时，请确保使用液体封口剂将裁剪口密封，以防止其脱线。

（4）装饰带和辫带需要在末端密封，以防止缝合针脚穿过时脱线。

（5）在将蝴蝶结和绑带打结后，将其固定到适当位置，以防止其脱落。将蝴蝶结底部钉牢，防止折叠或变形。

带蝴蝶结和绑带的枕头

一个单独的套筒覆盖着枕头，长绑带在两侧打成蝴蝶结，将套筒固定在适当位置。

541

套筒附于枕面上下两端，两侧边缘向内弯曲。绑带在两侧打成蝴蝶结。

542

沿角线上有一条宽阔的丝带，在中心系成蝴蝶结。

543

四个三角形的舌片附在枕头的四周，向内折叠至枕面，每个三角形的顶点上饰有装饰绳，在枕面中心收拢、系紧。

544

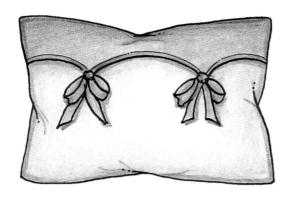

枕头上部的对比叠加层顶点以蝴蝶
结装饰，并将上下两部分绑在一起。
545

枕面沿对角线开裂，露出对比面
料。开口以一组小装饰蝴蝶结收束。
546

枕头有边框，信封式舌片在中心重
叠。装饰蝴蝶结将上下两片系在一起。
547

枕头两侧均匀装饰着绑带和蝴蝶结，
看上去好像附加了对比面料的套筒。
548

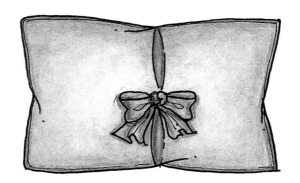

中心的狭缝处用宽蝴蝶结收束在一起。

549

丝带贴于枕头前后两面，顶部缀着蝴蝶结，看上去好像是由一整条丝带系成的一个蝴蝶结一般。

550

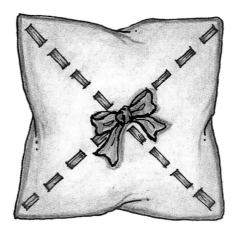

丝带穿过枕头表面的扣眼，在中心系成一个大大的蝴蝶结。

551

一条丝带圈在枕头的上半部分，长丝带被缝在后面的带圈下方，并从底部卷至枕面。短丝带则缝于前面的带圈下方，长短不同的两条丝带被扎成蝴蝶结。

552

四个独立的侧片翻折至枕面，并在四角扎成蝴蝶结聚拢。

553

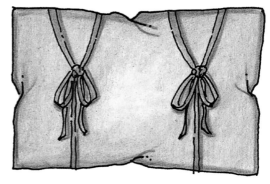

V形的相交丝带聚合成一条，并向下方延伸，相交点用蝴蝶结装饰。

554

枕面沿对角线钉有鞋带钩，丝带以穿鞋带的方式系成图中所示的样子，两端扎成蝴蝶结。

555

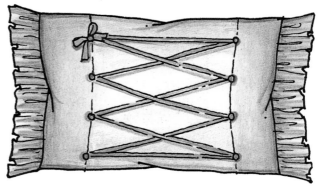

在枕头的中心片上，丝带穿过两侧的索环，在左上角扎成的小蝴蝶结是整个设计的点睛之笔。

556

枕面中心的褶皱和饰有蝴蝶结的狭缝开口是这款设计的焦点所在。
557

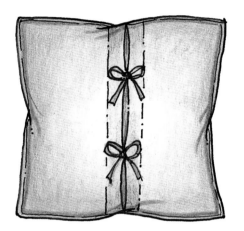

狭缝的开口饰有对比面料的镶边，并与开口中的对比面相匹配。
558

枕头下部的工字褶顶端有舌片覆盖下来，并使用蝴蝶结固定。
559

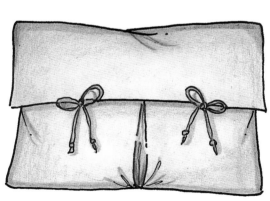

枕头上部有舌片，中间一道工字褶，两根长带被扎成蝴蝶结。
560

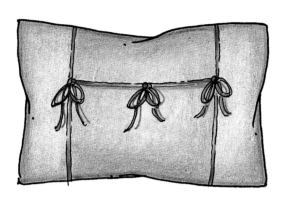

丝带和蝴蝶结将枕头上不同面料的部分区分开。

561

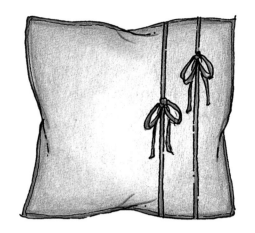

两个交错的蝴蝶结形成双丝带边框。

562

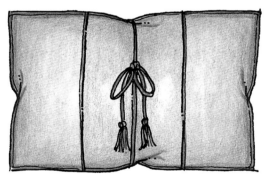

收边的装饰线将枕面的中心区域界定出来，同样的无收边的装饰线则系在中间，扎成蝴蝶结，线绳末端松散开来，形成流苏。

563

两个大的三角形侧片折叠在枕头的中心，并在两侧绑定，露出内里的对比面。

564

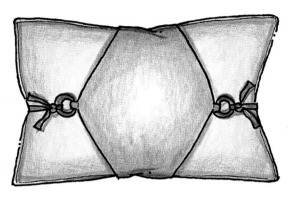

对比套筒覆盖枕头用系于塑料环上
的丝带固定，塑料环则由面料做的圈环
固定于枕头两侧。
565

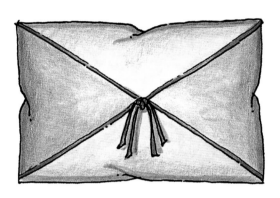

两条丝带沿对角条纹在枕面中
心十字交叉，并扎成双扣结。
566

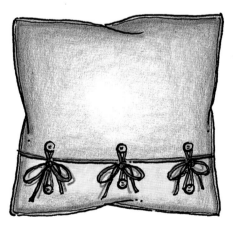

底部边框与枕面分界线两侧缀有
纽扣，丝带在两颗纽扣间紧紧缠绕，
并在中间扎成蝴蝶结。
567

相交的丝带与长长的蝴蝶结，让
枕头看起来像一件捆扎好的礼物。
568

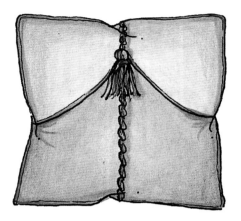

高耸的边界利用一条装饰辫带形成焦点，峰顶缀有一个大流苏。

569

将中心区域以辫带区隔，并与相匹配的绑带和枕头两端相连，看起来就像添加了一个套筒。

570

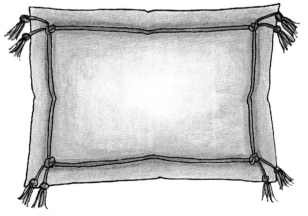

用线绳围出一圈边框，四角打成结，两根绳头尾部打结，末端散开成流苏。

571

装饰辫带将枕面上的两种面料区分开。侧边框装饰着用辫带编成的带流苏的徽章。

572

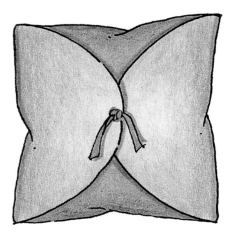

半圆形信封盖式的舌片覆盖了枕头的表面，并使用打结的绑带收束在一起。
573

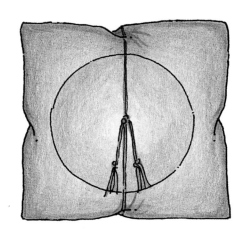

枕面中心有一片大大的圆形贴布，一根线绳纵穿中心并打成结，充满了亚洲风情。
574

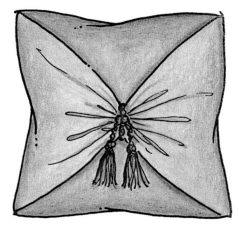

这些信封盖式的舌片在中心皱缩，颇具立体感。辫带和流苏位于褶缝处。
575

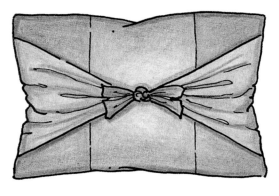

枕头两侧缝入轻薄的矩形舌片，并通过在枕面中心打结收束在一起。
576

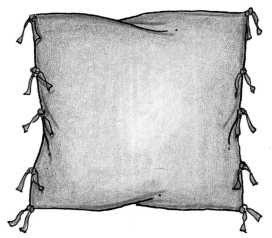

打结的绑带沿着枕头两个侧边分布。

577

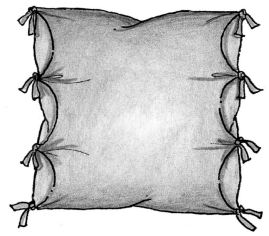

枕面上覆盖着一个扇形边缘的叠加层，每个点都绑在侧缝上。

578

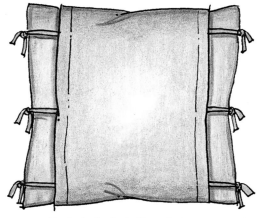

枕头上有直套筒，每侧各有三个绑带。一定要缝合绑带和蝴蝶结，防止其下垂。

579

装饰带在枕面上呈钻石的形状。钻石的顶点被打结的饰带所强调。

580

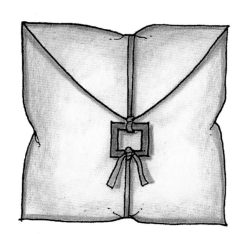

用面料制成的环和绑带将一个方形的塑料环扣连接到帐帘式的舌片末端。
581

缝在枕面上的口袋四角打褶，以增加立体感。口袋的上盖装饰着打结的绑带。
582

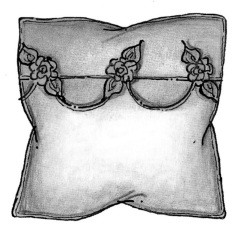

枕面上部覆盖着扇形边缘的叠加层，缀着丝绸玫瑰花。扇形切口使用对比面料。
583

蚌形切口处露出了一个对比面。切口处饰有丝绸玫瑰花。
584

四角打结的绑带被捆扎成俏皮
的"狗耳朵"。
585

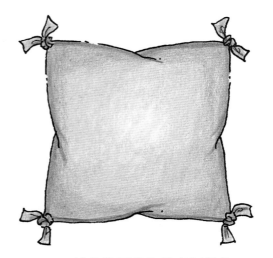

枕头的四角均缝有打结的
绑带。
586

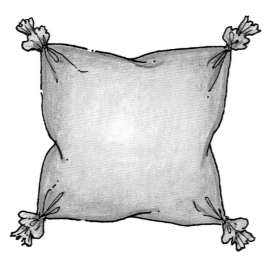

枕头在四角处收缩,形成开放式
的"狗耳朵",树立在角落,形状颇
为有趣。
587

用长长的蝴蝶结扎出了枕头开放
式的"狗耳朵"。
588

贴边枕头

面料包裹的大型滚边绳可用来创新出一些戏剧性的设计。

590

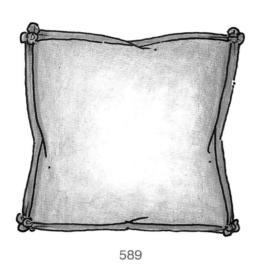

589

592

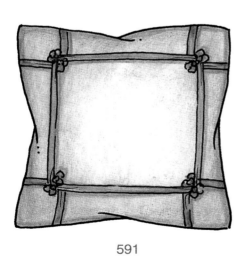

591

带索环的枕头

如今的索环已经从纯功能性的配件转变为流行的装饰元素为现代设计提供了有效的手段。

（1）索环是双面金属框架，卡扣于面料表面和背面，形成一个封闭的孔洞。

（2）索环有各种各样的形状、尺寸和工艺。

（3）它们可以作为纯粹的装饰元素使用，也可以用于特定功能。

（4）大多数索环需要使用机器才能安装到位。

（5）索环不适合应用在编织松散、非常厚重或非常轻薄的面料上。

（6）配有索环的面料不应在洗衣机中洗涤，仅指定干洗。

带索环的枕头

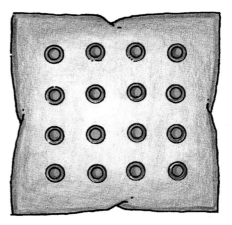

枕面分布着精心定位的索环，构成一大片方阵。通过索环孔洞可以看到对比织物。
593

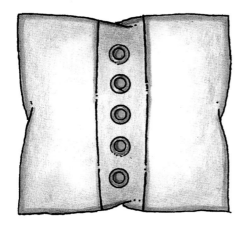

枕面配有套筒，一排索环安装在套筒上，可以让内里的面料展现出来。
594

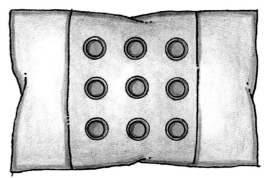

枕头的套筒上有大号的索环，展现出内里的对比面。
595

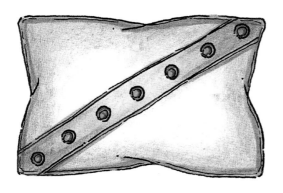

枕面沿对角线缝合着条带，索环分布其上，可以让内里的面料展现出来。
596

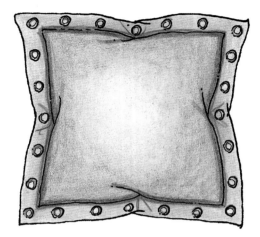

中型索环装饰着法兰边框。
597

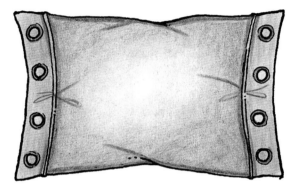

枕头两侧饰有宽大的法兰边，并
配有索环。
598

这款枕头的四角都配有索环，尖头
的绑带穿过索环打成结，强化了效果。
599

枕面由四个正方形组成，相对的两个
方形相邻的角上装配着超大索环，可以通
过孔洞看见内里的对比面。一条宽宽的绑
带穿过其间，在前面打成结。
600

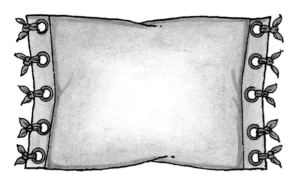

枕头两端的法兰边配有索环，索环用绑带打成小结装饰。
602

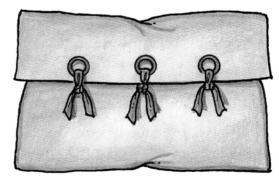

开放式套管的两端配有索环，绑带穿过其间，在枕面的中心处打结，将套筒系在一起。
601

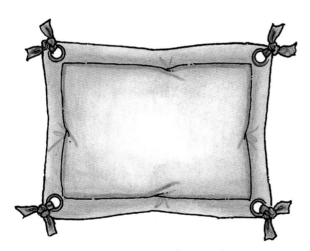

法兰边枕头的四角配有索环和打结的绑带。
604

帐帘式舌片边缘配有索环，穿入的绑带打成长结。
603

带帐帘式舌片的枕头

带帐帘式舌片的枕头是完美的设计，适宜放置在任何堆叠的枕头前列。其独特的设计本身就是一个吸引眼球的焦点。

（1）"帐帘式舌片"是用来描述一个独立的织物舌片的术语，它连接在枕头的顶部并折叠垂于枕面。

（2）帐帘式舌片可以是活动式的，也可以固定到枕头的表面。

（3）帐帘式舌片应添加内衬，使用相同面料或对比面料皆可。

（4）活动的帐帘式舌片最好使用诸如流苏或珠子之类的装饰元素增加配重，垂坠效果更好。

（5）将诸如流苏或蝴蝶结之类的元素排除在外，会阻止它们变形或因磨损而脱落。

（6）帐帘式舌片看起来是一片活动的舌片，但实际上只是在枕面上使用了不同的面料，或使用其他饰物描绘出帐帘式的形状。

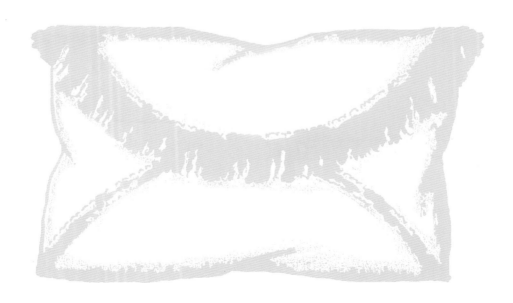

带帐帘式舌片的枕头

对比中心面板如同是帐帘顶端和
装饰性流苏的背景。
605

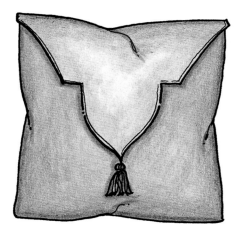

帐帘式舌片的独特形状使枕头别具
一格。
606

帐帘式舌片有着对比色的边框，
一个同色的蝴蝶结垂在帘尖上。
607

一个简单的帐帘式舌片，装饰着石
制的圈环和打结的绑带。
608

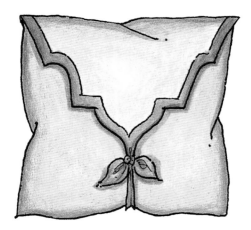

有边框的帐帘式舌片，将顶端的丝带与舌片下延伸的丝带打成结，起到固定作用。

609

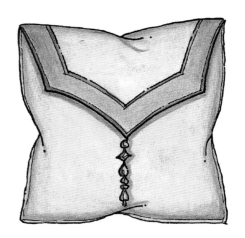

运用珠串是突出帐帘式舌片的有效方法。可尝试使用各种形状和大小的珠串以取得最佳效果。

610

在枕面上半部，用V形边框营造出帐帘的感觉。由对比面料制成的垂直条带纵向而下，为流苏创造了背景。

611

帐帘式舌片以珠串饰边镶嵌边缘，帘尖上使用串珠流苏增加配重。

612

V字形顶片及底部的流苏营造出帐帘式舌片的感觉。
614

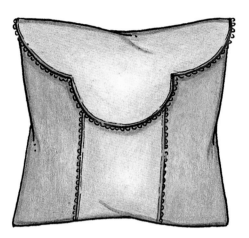

这个帐帘式舌片的末端是圆形的，而不是典型的尖顶。
613

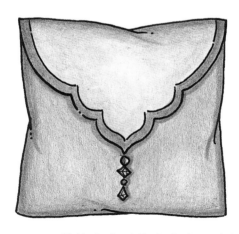

这款帐帘式舌片有着扇形边框的边缘，最末端的尖角坠以水晶。
616

这款帐帘式舌片是一个单独的部分，但是其顶部和侧面都与枕面缝合，只留下底部边缘悬垂。
615

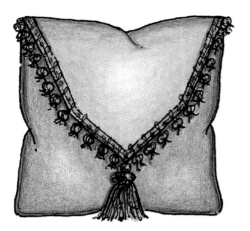

超长的帐帘式舌片呈长尖角状，边缘饰有着洋葱状穗饰，顶点处缀着流苏。

617

金丝穗饰增加了圆形帐帘式舌片的长度和细节。

618

圆形帐帘式舌片的末端被裁剪成一个圆弧状，使用花团锦簇的丝带将其固定在枕面上。

619

迷你帐帘式舌片集中在枕头顶部的中心。

620

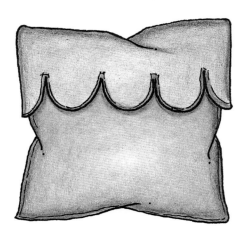

帐帘式舌片有着深扇形的边缘。
621

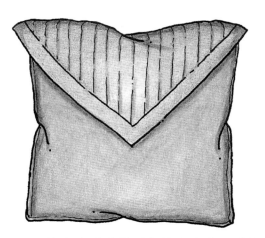

帐帘式舌片的顶角给人造成一种印象，仿佛舌片延伸超过了枕头的一侧。
622

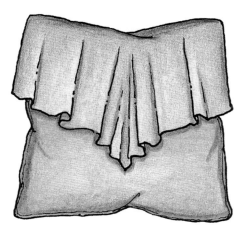

不规则的帐帘式舌片颇具流动感，这种效果是通过将舌片裁剪成圆形形成的。
623

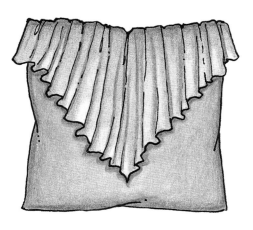

Ｖ形帐帘式舌片在顶部打褶，形成瀑布般效果。
624

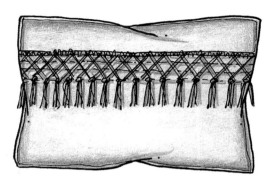

长长的手工结穗饰装点于枕头上半部分，可以营造出一种帐帘式舌片的感觉。

625

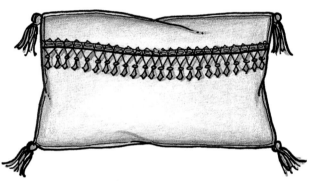

长长的串珠穗饰让枕头看似装配有帐帘式舌片。

626

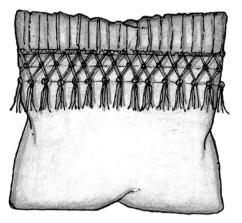

枕头的顶部镶嵌着一排手工结穗饰。

627

边缘有贴边对比面料带及长碎褶。

628

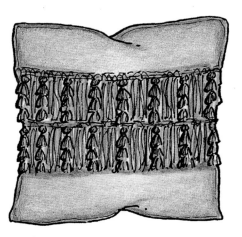

双排三重流苏和金丝穗饰使其看上去拥有两个帐帘式舌片。

629

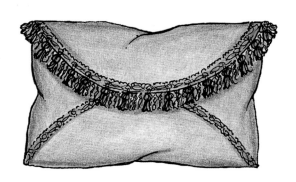

两个重叠的半圆饰边营造出帐帘式舌片的感觉。

630

长金丝穗饰几乎可以镶嵌成任何形状，以营造出帐帘式舌片的感觉。

631

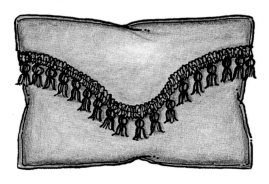

尝试使用饰边描绘出有趣的形状，以取得不同寻常的效果。

632

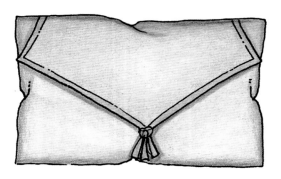

帐帘式舌片在顶角处收缩，在两侧形成尖角。

633

帐帘式舌片的侧面稍微突出一个斜角，然后收拢到一点，在顶点处镶嵌索环，并有丝带穿过，打成蝴蝶结。

634

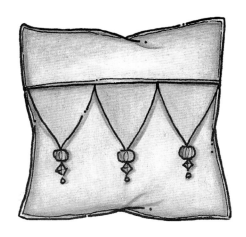

枕面顶片悬挂三面三角旗，顶端坠以串珠。

635

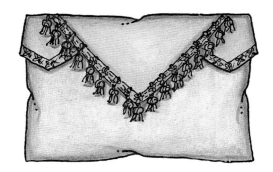

三个以饰边分界的单独部分组成了枕头帐帘式舌片。

636

褶边枕头

褶边不仅运用于枕头的边缘，作为枕面装饰也同样精彩纷呈。

1.褶边可以缝制在枕面不同面料之间，也可直接缝于枕面。

2.褶边应双面折叠以避免抽线，或者使用以下方法完成成品边缘：

    （1）两面翻边。

    （2）内衣边。

    （3）卷边。

    （4）抽丝边。

3.褶边的类型：

    （1）碎褶。

    （2）工字褶。

    （3）手风琴褶。

    （4）缩褶。

褶边枕头

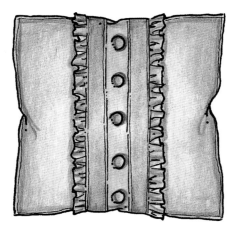

枕头上的褶边和纽扣类似于衬衫的前襟。

637

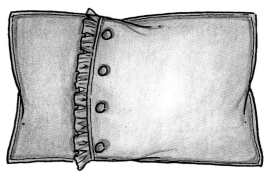

单边褶，带饰扣。

638

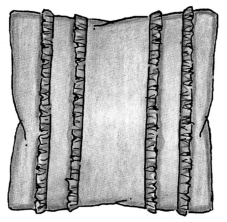

两条纵向双层褶在枕面上营造出强烈的线条感。

639

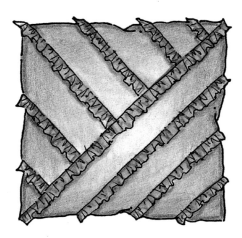

枕面上沿不同对角线方向分布的褶边彼此垂直。

640

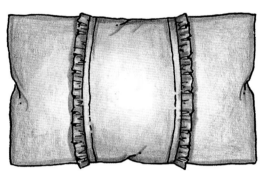

枕面在中央部分两侧边缘卷起，下缝褶边。

642

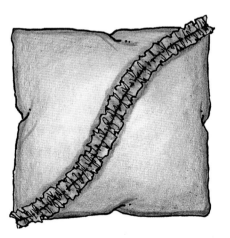

单层褶边沿对角线贯穿枕面。

641

沿中心线皱缩的双边褶边，蜿蜒缝合于枕面。

643

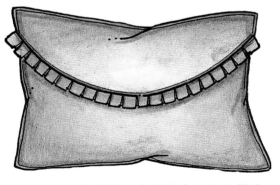

短小精悍的工字褶沿扇形弧线的边缘排开。

644

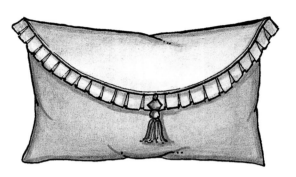

圆形帐帘式舌片边缘，使用工字褶褶边装饰。

645

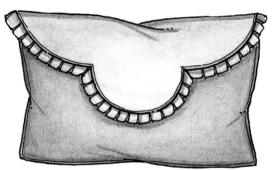

三个扇形组成的帐帘式舌片以工字褶褶边装饰。

646

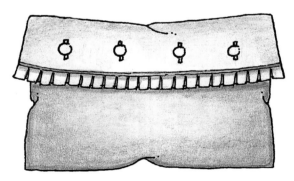

带褶边的帐帘式舌片以按压式固定。

647

枕面中部沿对角线缝制的工字褶褶边富有动感。

648

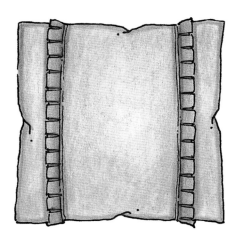

枕面上两列短工字褶褶边纵贯枕面。
649

枕头顶部饰有带扇形边的半圆形帐帘式舌片。
650

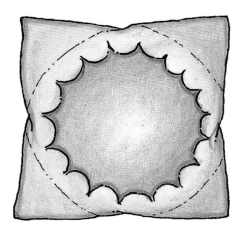

枕面中央的扇边圆形切口露出对比面料，使扇形边框更加引人注意。
651

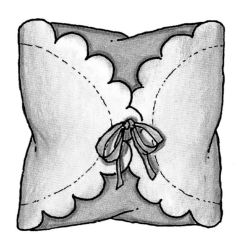

两个扇形边缘的舌片在枕面中心彼此重叠，长长的蝴蝶结将其固定。
652

用对比面料制作枕面的中心片，周围以褶边环绕，褶边压于枕头四角区域三角形面料之下，尖角指向中心。
653

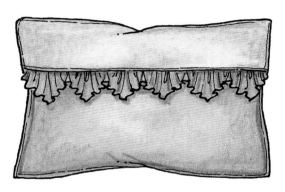

枕头带有锯齿状的褶边。
654

褶边以明线针迹压于中心片之下，褶边平整不上翘。
655

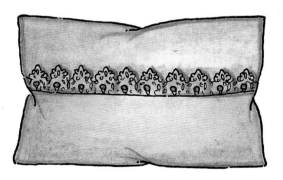

蕾丝褶边，带松紧环圈和珍珠饰扣，非常女性化。
656

皱纹枕头

在枕头表面加入起皱面料会使平坦表面增加深度和质感。

（1）褶皱的效果是将面料两边适当收束形成的，会使面料长度减小，增加立体感。

（2）使用纯色或小型印花面料时，最适合产生褶皱的效果。皱纹枕头不适合使用大型图案。

（3）非常宽的起皱面料可能形成松垮、缺乏紧凑感的褶皱。在大面积起皱面料中适度增加抽褶固定点，可以防止这种情况出现。

（4）在面料两侧抽褶时最好保持针迹走向是同一方向的，同时也应该向同一个方向聚拢起皱。这样可以防止两边的褶皱相互碰撞，以便做出平坦、紧致的皱纹效果。

皱纹枕头

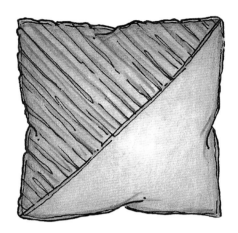

对角线两侧，一边是起皱面料，一边是平坦面料。

667

在枕面上加入一条起皱的面料带，看起来仿佛是沿对角线开裂一般。

668

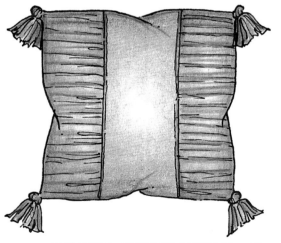

起皱面料和平坦面料交替使用，增加了枕头的纹理感和丰满度。

669

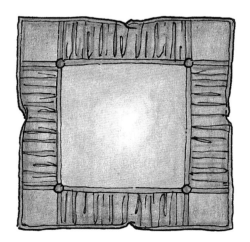

枕头的边缘部分由起皱面料和平整面料交替组成，四角为平整面料，中间夹着起皱面料。装饰带将不同的部分分开。

670

两侧面料起皱，成为中心片的法兰边，中间有饰扣。

671

中心片正中央用拉扣，四周面料起皱，围绕着中心片。

672

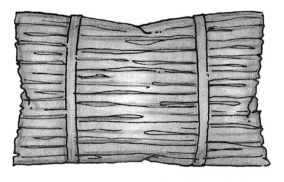

三组分隔的起皱面料组成了枕面。

673

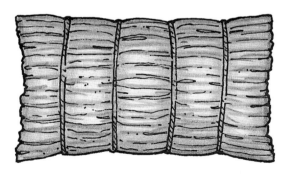

装饰辫带将枕面的起皱面料分成五个区域。

674

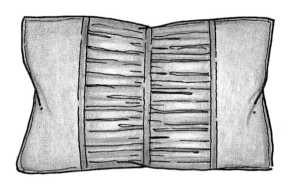

两组起皱部分并列于枕面中央。

675

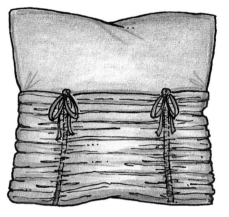

枕头下部的独立套筒一端开口。
套筒前部缝入绑带，抽束成褶，并在
顶部系成蝴蝶结。

676

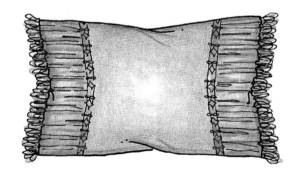

两端的起皱面料装饰着饰带和圈
环穗。

677

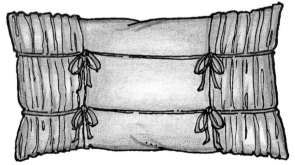

枕头两端均包裹着封口的起皱套
筒。织物带横向贯穿枕头，并在套筒
边缘系成蝴蝶结。

678

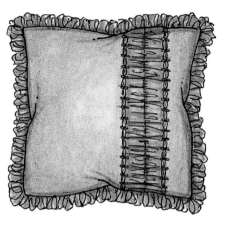

偏于一侧的皱纹带在中心及两侧
都进行了抽褶，形成独特的外观。
679

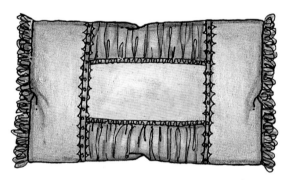

小块的起皱面料可以以任何组合方
式增加纹理感和丰满度。
680

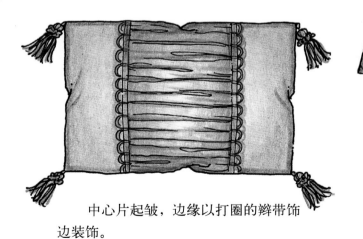

由对比面料制成的工字褶褶皱
带沿对角线分布于枕面，与平整面
料交替分布。
681

中心片起皱，边缘以打圈的辫带饰
边装饰。
682

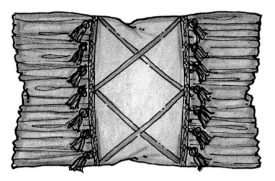

枕头两端起皱，中心片平整，装饰着十字交叉的饰带和流苏穗边。
683

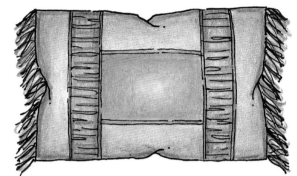

枕头的枕面由多个部分组成，狭窄的皱纹带被用作边框进行装饰。
684

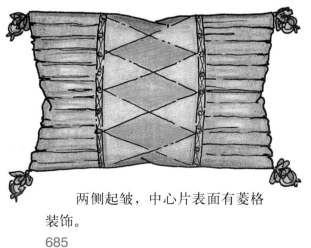

两侧起皱，中心片表面有菱格装饰。
685

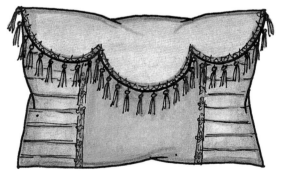

两端为工字褶，顶部有三个扇形组成的帐帘式舌片，边缘有流苏。
686

皱纹条带在枕头的左上角相交，并以丝绸玫瑰花缀饰。
687

相交的皱纹条带在枕面中心打结。
688

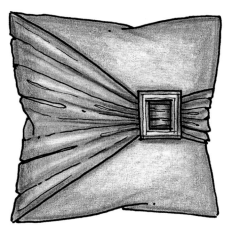

超宽幅的皱纹条带完全覆盖了枕头的一条侧边，另一端被穿入一个固定的装饰带扣中。
689

四个起皱部分按纹路的不同方向拼接在枕面上。对比色皱纹条带遮盖接缝。
690

皱纹条带在中心稍偏的一侧打
成结。

691

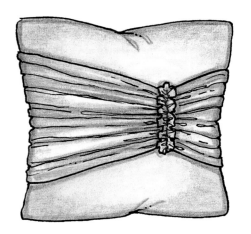

枕头两端的皱纹条带在枕面处衔
接，在稍偏离中心一侧处留下短小的
双褶边。

692

皱纹条带从中心向四角辐射，中央
点缀着玫瑰花。

693

一个带有褶边的大饰扣将枕
头上的皱纹条带收束起来。

694

一条宽阔的、两片式皱纹条带置于枕面中心，并打成一个尖角的结。
695

一条宽阔的、两片式皱纹条带覆盖枕头的整个高度，在中心打结束紧。
696

一个超大的结在中心装饰着条带。
697

两条皱纹条带在相交处被系成结，且留下超长余量。
698

起皱面料延伸超出枕头的末端，又被折叠在角落，形成这种独特的设计。

699

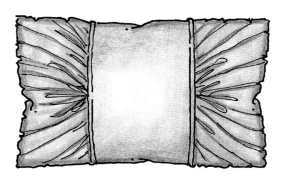

为了形成这种独特的皱纹纹理，面料的内缘必须宽于外缘。

700

四边向内收缩，四角中心抽褶，呈现出这种效果。

701

三角形三边均抽褶，呈现出这种效果。

702

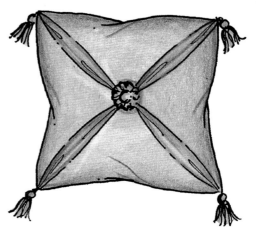

狭窄的条带在两端收紧，中心装饰丝带玫瑰。

703

枕面完全起皱，中心簇绒，饰有圆形的玫瑰花。

704

多条相交的皱纹条带贯穿相交于枕面。

705

起皱的三角形舌片翻折于枕面，将一朵玫瑰花固定在中间。

706

饰边枕头

　　长期以来辫带、饰带、穗饰和金丝等装饰品一直是传统的装饰元素，用于修饰枕头和床上用品。

　　（1）大多数饰边不可用水洗涤，必须干洗。

　　（2）从卡片或线轴上取下后，饰边可能会收缩。需将其放置一夜再用于制作枕头。

　　（3）即使使用了可熔胶带，枕头表面的饰边也应进行缝合，因为枕头本身柔软，随着时间的推移，拉扯和磨损会使饰边松动。缝合能确保其牢固性。

　　（4）与熨贴胶带一起使用时，饰边会大幅度收缩。在将胶带熨烫到饰边背面之前切勿预先裁剪饰边，必须先将饰边进行预缩。

　　（5）如果要将流苏钉在枕角做装饰，不要只依靠流苏环将其固定在角缝处。应使用粗装饰线的环圈将流苏的头部固定在适当位置。这样可以防止流苏被扯掉。

饰边枕头

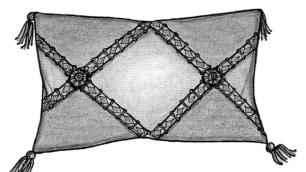

当饰边重叠时，在交叉点使用饰扣或徽章进行点缀，能突出图案。
707

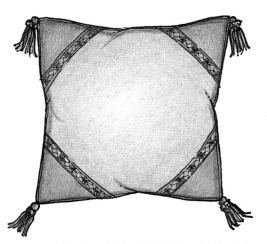

枕头四角的对比面料和饰边围绕着中心片。
708

使用四片式边框时，请确保角落处沿对角线裁剪。
709

小块的对比面料组合用同样的饰边区分，可产生统一感。
710

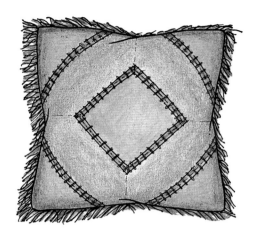

如果设计中有外露的接缝，请务必规划好接缝的位置。枕头中间边框的线缝与菱形中心的角落保持一致。

711

丝带玫瑰花纹点缀着菱形中心的四角。

712

一个错综复杂的拼接中心片沿对角线方向放置，各部分间用小花边带修饰。

713

虽然枕头只有两种面料，但中间以饰边围成的图案使其看起来非常复杂。

714

菱形中心片中央拉扣，宽饰边从中心侧面向外延伸。

715

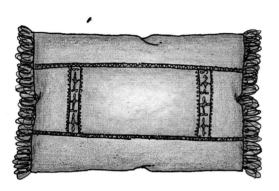

两条饰边横向穿过枕面，突出了枕头的宽度。

716

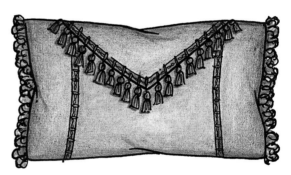

枕头顶部的V形部分饰有流苏边缘，形成一个仿帐帘式舌片。

717

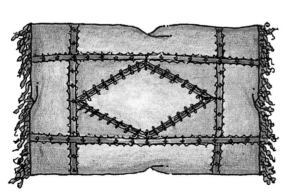

宽菱形中心片由垂直和水平的饰边线条围绕。

718

十字交叉的丝带在枕面的中心形成一个钻石图案。四周有金条穗饰饰边。

719

各种饰边和穗饰装饰枕面，整个设计体现出折中主义。

720

当使用具有方向性的穗饰或饰边时，请注意其在枕头上的位置及其走向是如何影响整体设计的。

721

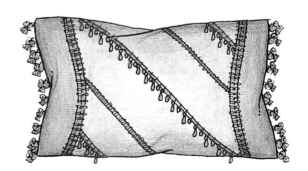

饰带和串珠交替分布于枕面中心的对角线上。

722

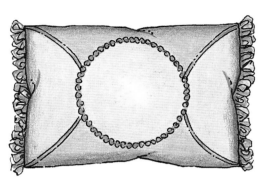

当使用饰边圈出曲线或圆形时，请确保其弹性足够达到所需的效果。
723

花边饰边和徽章有各种各样的形状和大小，非常适合用于枕头。
724

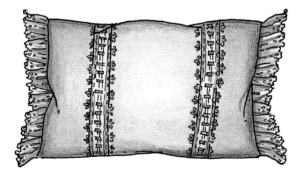

在许多情况下，需要组合多种饰边，以适应所需的尺寸和轮廓。在带有孔眼的饰带中穿入丝带，两侧装饰着三叶草带，形成多层效应。
725

拉扣枕头

拉扣枕头通过饰扣、线或装饰性线迹将面料层压在一起。

（1）枕头可以使用线迹或饰扣形成拉扣效果。

（2）既可以只在表面簇起，也可以从前到后贯穿簇起。

（3）表面簇起是通过在枕头的表面部分添加一层平整的棉絮，缝合的饰扣或线迹只穿过面料与棉絮而形成的。

（4）使用包扣或表面平滑的饰扣，以避免刮伤或刺激皮肤。

（5）不但要考虑所选择的饰扣在枕面的效果，还要考虑其背面效果。可能需要更精巧的饰扣用于背面。

（6）请注意枕头附加额外的饰扣，以便更换。

拉扣枕头

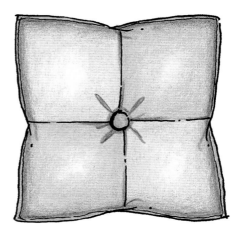

将枕面平均分为四块，中央以
拉扣簇起。

726

对角区在中央拉扣处汇聚。

727

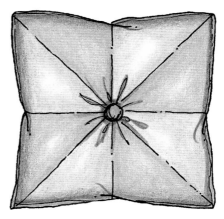

枕面按45度角分为八个三角形
区域。

728

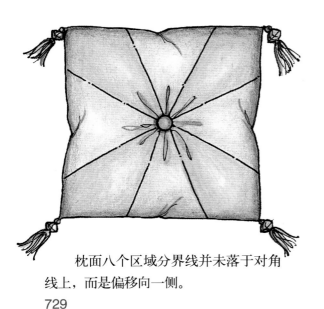

枕面八个区域分界线并未落于对角
线上，而是偏移向一侧。

729

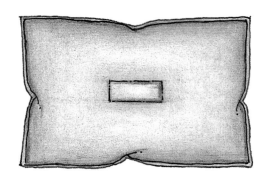

枕头中心以明线针迹缝出一个
矩形，使枕面簇起。

730

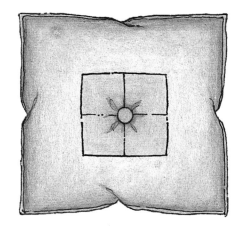

将枕面中心一个小巧的方形片作
为拉扣的基座。

731

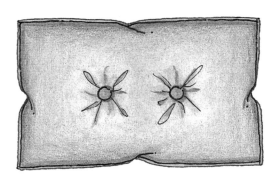

两颗拉扣簇褶。

732

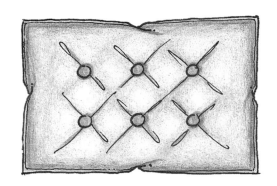

六颗拉扣簇褶。

733

同心边框围绕枕头中心的
拉扣。
734

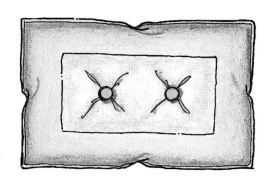

宽边框围绕双拉扣。
735

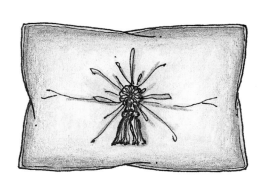

用流苏代替拉扣。
736

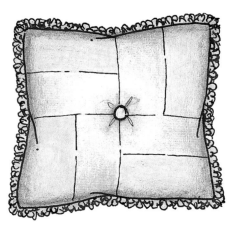

枕面被平均分为四块区域，每个区域又被均分成两部分。每个区域中的两根条带的方向是旋转的，在枕面上形成一个有方向性的团。
737

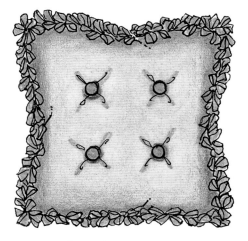

四颗拉扣簇褶。

738

枕头纵横簇起，在各部分之
间形成深度压痕。

739

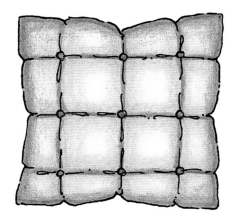

枕头有十六个独立的簇起
部分。

740

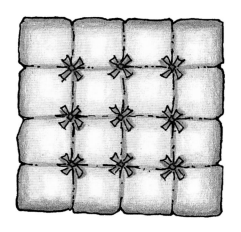

拉扣以双重打结的小绑
带装饰，更显突出。

741

用丝绸玫瑰花使枕头簇起。
742

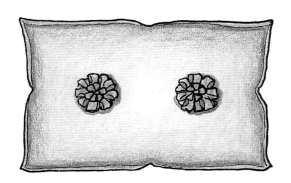

带有大饰扣的丝带玫瑰花被用作拉扣。
743

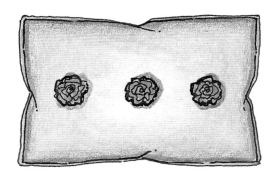

用手工制成的玫瑰花作拉扣。
744

丝绒或天鹅绒叶片可以增加玫瑰花的尺寸，产生更强烈的视觉效果。
745

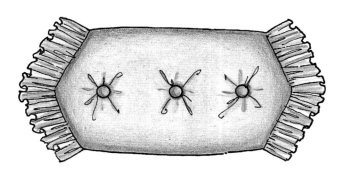

拥有三颗拉扣的枕头形状不同寻
常，引人注目。

746

小枕头周围环绕着长皱褶褶边。

747

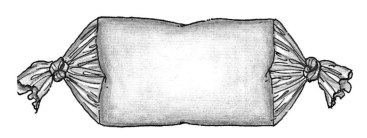

枕头末端有长长的皱纹褶边，分
别以一个独立的假结收束。

748

颈枕和长枕

颈枕是一种圆柱形枕头，可以支撑使用者的颈部或纯粹用于装饰。

（1）颈枕与其他装饰性枕头使用相同类型的天然或人造枕芯。

（2）颈枕通常不具有开口元件，例如拉链或钩环带，但一些设计在末端具有一体化的开口。

长枕是一种长开口稳固的枕头，用于背部或手臂的支撑或装饰应用。它可以制成任何形状，总是长度大于宽度。

（1）长枕通常没有标准尺寸，尺寸和形状视目的而定。

（2）长枕通常需要一个定制的枕芯，或者以松散的聚合物填充。

（3）对于额外的支持，可能需要使用棉絮包裹的海绵枕芯。

（4）长枕通常具有拉链或钩环式封口。

颈枕或长枕的末端设计与面部设计一样重要。

聚集的褶裥

750

玫瑰花

751

流苏

752

饰扣打褶

753

收束的圆形开口

754

辫带徽章

755

颈枕和长枕

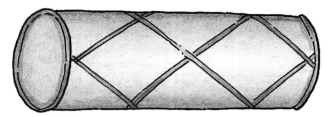

丝带对角交叉，在颈枕上形成菱格图案。

756

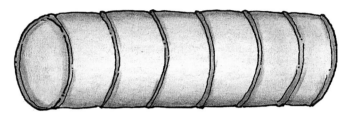

将均匀分布的线圈覆盖颈枕。

757

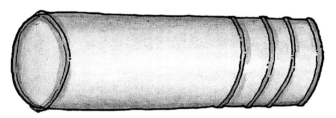

将颈枕一端的三个对比面料条带进行了贴边，以强化效果。

758

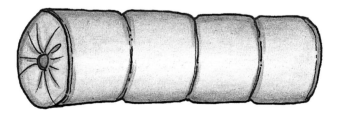

颈枕表面缠绳，形成簇起的效果。

759

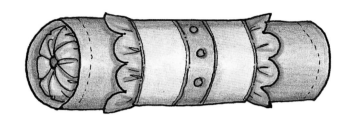

嵌入式末端由枕头两端的凸缘覆盖。中心装饰有扇形褶边和带饰扣的对比条带。

760

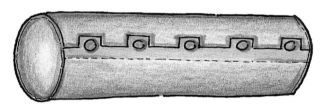

带饰扣的布签环条带横贯颈枕。

761

两条对比条带横贯颈枕中间扎着的蝴蝶结，看起来如同一条开口。

762

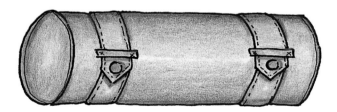

用人造绒面料制成的皮带使用饰扣在末端固定。

763

长蝴蝶结装饰着这款颈枕的中心片。

764

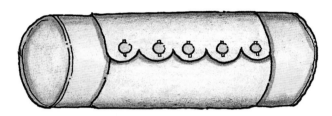

带有扇形边缘的对比套筒被扣在这款颈枕的表面上。

765

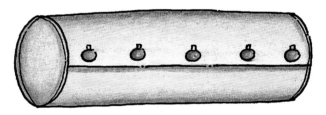

一个被扣住的开口横贯这款颈枕。

766

对比面料条带圈在颈枕末端，在适当的位置固定，并且用单个蝴蝶结来制造模拟效果，使其看起来是用一根丝带卷裹住颈枕并扎成蝴蝶结。

767

在颈枕的对角线上有一个假开口，以皮
制搭扣封闭。

768

锯齿边的独立套筒两端配有索环，并使用
丝带捆扎在一起。

769

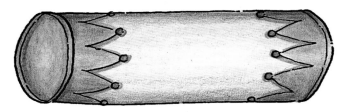

枕头的末端使用一个长之字形边框修
饰，点缀着饰扣。

770

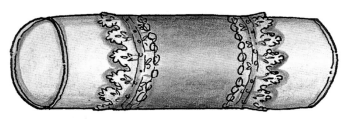

多层蕾丝镶边拼接在一起，在枕头的
一端形成宽带。

771

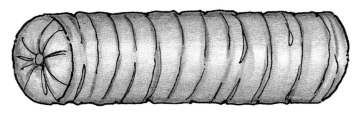

颈枕的表面沿周长方向皱缩。

772

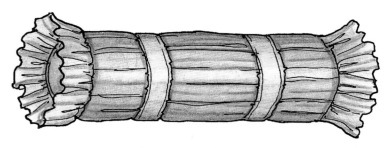

枕头表面有水平皱纹。两个对比条带围绕
着枕头，两端有褶边装饰。

773

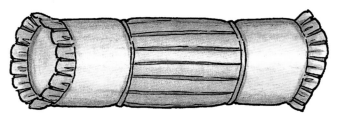

将枕头的中心片水平打褶，边缘滚边。
短工字褶褶边环绕着枕头的末端。

774

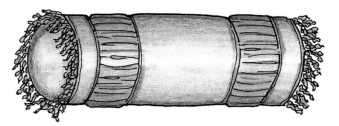

两个皱纹条带装饰着颈枕，枕末两端
有金丝穗饰。

775

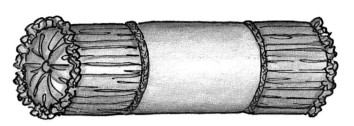

枕头两侧的皱纹部分被辫带与中心片分隔
开，末端封口使用带褶饰边装饰。

776

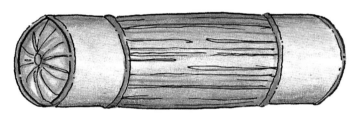

水平起皱的中心片滚边修饰。

777

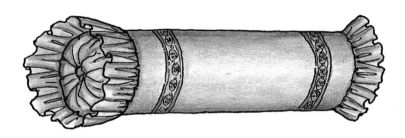

颈枕有深陷入、聚集的端部，缀有褶边。表面
装饰着两条宽阔的饰带。

778

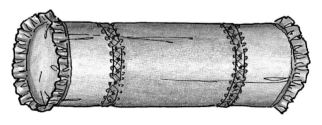

装饰带将颈枕上的对比面料与皱褶
边缘分开。

779

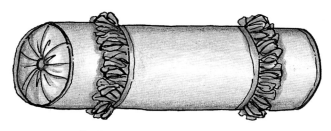

环状带条被插入在颈枕的端部和中心面板之间。

780

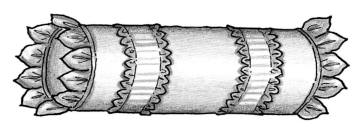

褶皱的锯齿褶边装饰着枕头的两端，枕面装饰有带花边的织物条带。

781

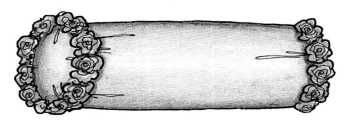

在普通的颈枕上，沿着末端边缘装饰了丝绸玫瑰花，使颈枕变得奢华。

782

长长的褶皱分别向两端延伸，刚好遮盖住颈枕的末端。

783

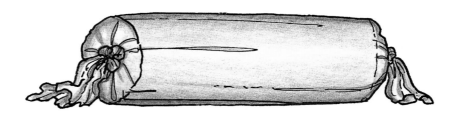

颈枕的两端各延伸出一条长尾，并以一个假结收束。

784

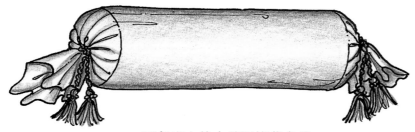

延长出去的末端用流苏束着。

785

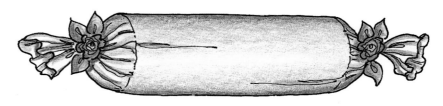

玫瑰花和天鹅绒材质的叶子装饰着颈枕的末端。

786

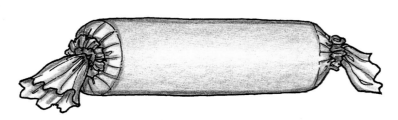

颈枕两端的长尾都使用带褶的条带收束。

787

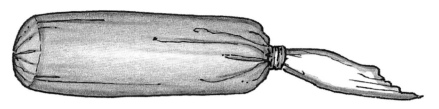

一端延长，尾部使用带皱褶的织物套筒收束。

788

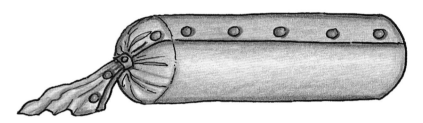

一条仿开口横贯颈枕，一直延续到颈枕的尾部，并被扣住。一个带有纽扣的小环收束着枕头的末端。

789

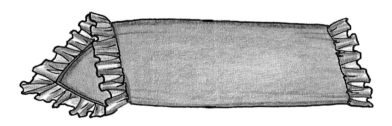

独特的三角形形状在枕头两端以褶边强调。

790

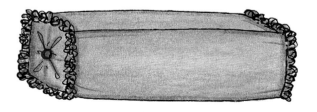

细长的长方形枕头需要以稳固的海绵枕芯保持形状。

791

异形枕头

装饰枕头可以被设计成多种多样的形状。

（1）圆形。

（2）三角形。

（3）八角形。

（4）新月形。

（5）花形。

（6）心形。

（7）扇形。

（8）球形。

（9）星形。

发挥想象力，尽情创造独特而引人注目的设计。

异形枕头

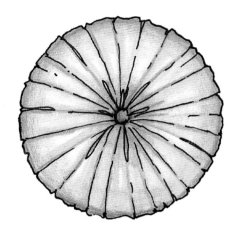

圆形起皱枕头在中央簇着一
个饰扣。

792

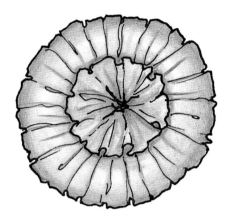

聚集的枕头的面料被拉起至
中心，形成一个蓬松的核心。

793

圆形枕头的面料超长，被拉
起并折叠在表面。中心装饰着玫
瑰花。

794

扇形边缘的枕头被分为八个部
分，装饰线从中心辐射出来。

795

四叶草形的枕头在中心簇起，缀有
一大团蓬松的装饰。

796

这款枕头边缘为扇形，由此形成了
八个独立部分。丝带褶边和玫瑰花织物
装饰着中心。

797

枕头表面分为六个三角形区域，
在中心拉扣处聚合。

798

八个单独的部分组成八角形枕头的
边界。枕面是一个完整的中心片。

799

这款扇形枕头分为五个部分，每个部分之间用对比贴边来区隔。
800

九个扇形组成扇形枕头的轮廓。枕面由九个独立的部分构成，也可以制作为一体式的枕头。
801

这个扇形枕头的边缘有七个顶点。

802

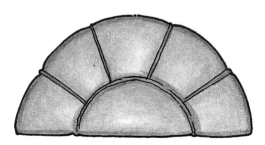

对比贴边在这款半圆形枕头上形成了图案。
803

扇形枕头的中心片亦为扇形，它是边缘的基座。

804

将覆盖扇形枕头的面料作起皱处理，在中心点聚集。聚集点缀有装饰。

805

起皱的扇形枕头中间有一根单独的条带，包裹在顶部，看起来是在基座处束成了一个大蝴蝶结，其实蝴蝶结是另外附加上去的。

806

花形枕头的边缘装饰着金丝穗边。

808

尖头枕头的四个部分在中心处聚集。

809

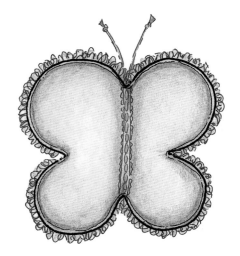

蝴蝶枕不拘一格的形状带有强烈的
个人色彩。

810

叶形枕头表面手工缝线，将叶脉模
仿得栩栩如生。

811

短穗饰强调了金字塔形枕头的边线。

813

软包床头板

软包床头板通常是用具有造型感的胶合板面板框架，包裹着衬垫和面料制成的，放置在床头的部位。

使用软包床头板具有以下明显的优点：

（1）倚靠起来更柔软、舒适。

（2）比木质或金属床架的外观看起来更加柔和。

（3）可使床头成为一个焦点。

（4）为床上用品设计增添风格、图案和色彩。

（5）床的比例效果和平衡感可以通过床头板的尺寸和形状来调控。

（6）其形状可以是加强房间中的现有线条，或是符合织物图案的形状。

（7）床头板可以独立制作，直接悬挂在墙上，或者安装在床架上。不管是采用哪种方式，都应将其牢固地固定在墙壁上，以防止其移动，增加床的稳定性。

（8）许多床头板可以另配面罩，使装饰风格灵活多变。

（9）床头板的高度和尺寸可以修改，以适应特定床榻的比例。在确定设计的整体高度时，务必考虑床垫和床箱加床架的高度，以及枕头的高度。

（10）床头板比全床架更小巧、更轻便，可以轻松移动和安装。对于入口处狭小的空间（如拐角或窄门道），使用床头板是一个很好的选择。

（11）如果只用一块床头板来搭建一个完整床架的外观，则务必定制同款面料制作的床裙使床的外观具有整体感。

（12）软包床头板能提供发挥创意的绝佳空间。几乎可以选择任何形状，这取决于室内设计师的技能和经验。

常见床头板类型

单板：单板床头板为一个整体，表面附有一层填充，平整的面料覆盖其上。只要表面保持平坦，就可以使用饰边、线绳、平边和其他元素进行装饰。

组合：床头板由多块在面料下带填充物的面板组合而成。每个部分单独软包，并通过在填充部分之间的面料上压线与其他部分区隔。

起皱：面料在用于单片或分切的床头板表面之前经过起皱加工，可以与平整面料的部分组合使用。

拉扣：拉扣床头板由单个或多个填充部分组成，覆盖其上的平整面料被拉向背板，在表面上形成凹陷和凸起。制作时用线在面料表面缝合，或将线从背板穿到面部，并用饰扣或其他类似的装饰元素来固定。

面罩：单板床头板可添加面罩，丰富细节和款式。

装饰：装饰性床头板将装饰元素（如绑带、蝴蝶结或丝带）及装饰性硬件（如金属、铁艺或索具）融入设计中。

单板床头板

　　几乎所有单板或分切的床头板的形状可塑性都很强，例如通过添加边框、起皱、打褶、贴边、钉头等手段使之个性化。以下图纸展示了在单一形状上添加不同细节即可获得的多种外观。

单板带贴边

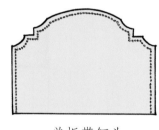

单板带钉头

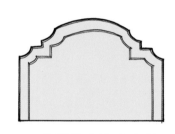

单板带内贴边边框

单板带对比织物边框和
贴边

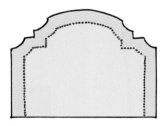

单板带对比织物边框和
钉头

单板带双对比织物边框
和贴边

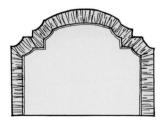

单板带皱纹对比织物边框和贴边

单板带对比织物外边框、皱纹内衬边框
和贴边

单板床头板

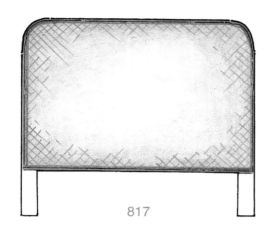

817

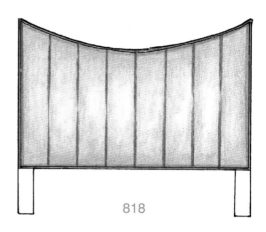

818

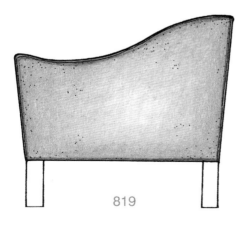

819

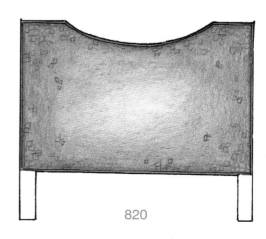

820

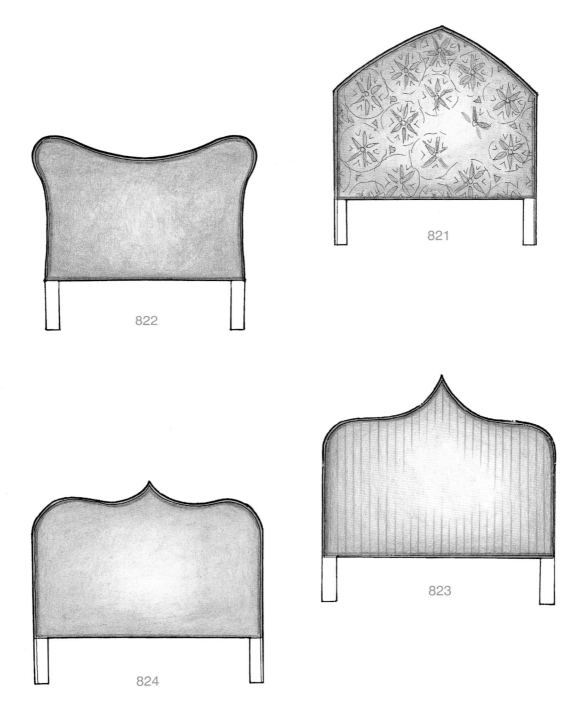

821

822

823

824

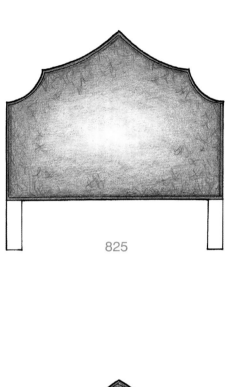

825

826

827

828

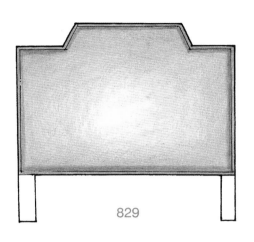

829

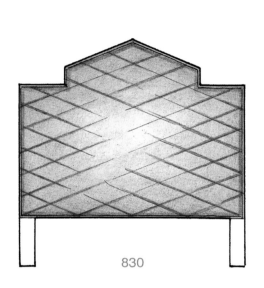

830

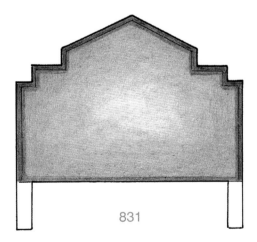

831

832

833

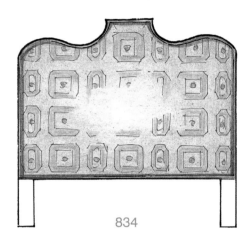

834

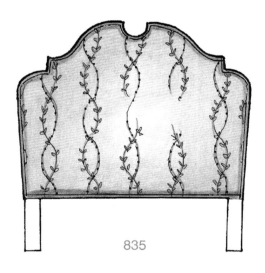

835

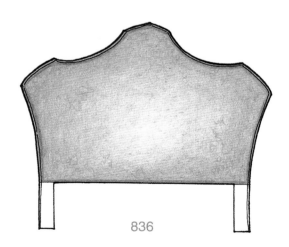

836

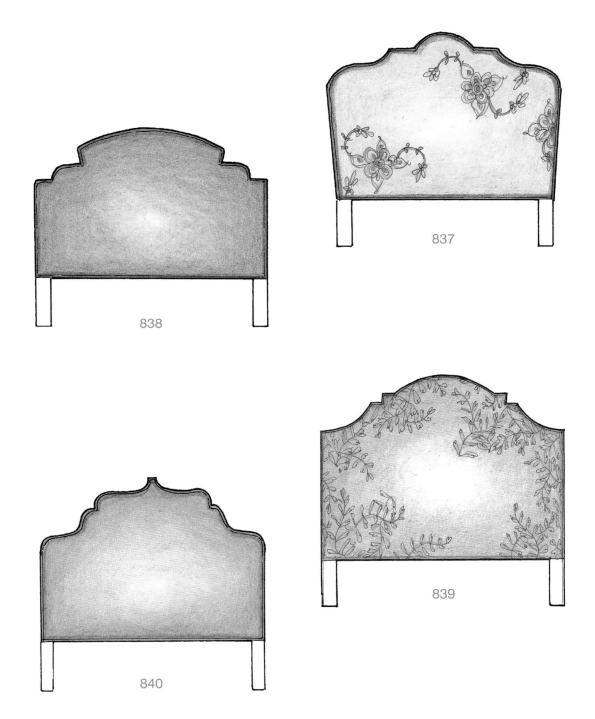

838

837

840

839

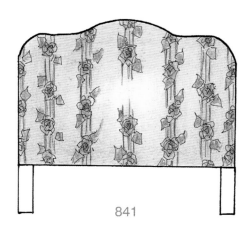

841

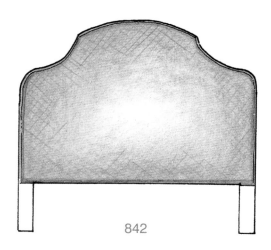

842

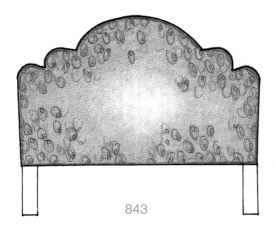

843

844

845

846

847

848

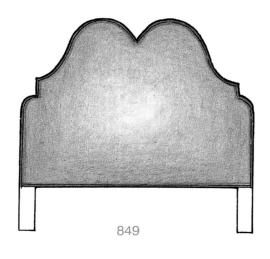

849

850

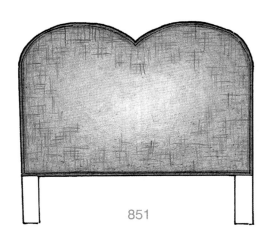

851

852

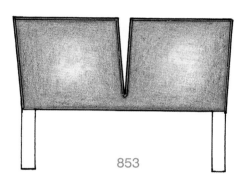

853

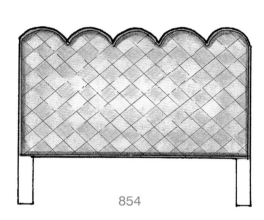

854

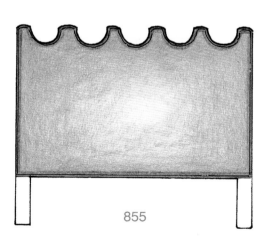

855

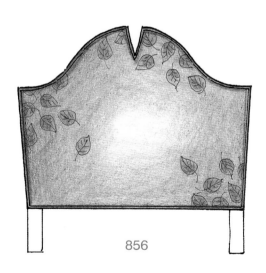

856

857

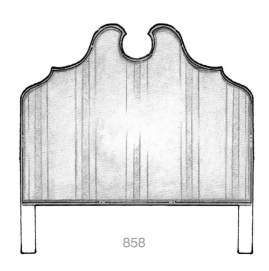

858

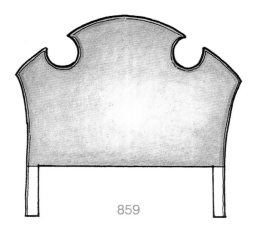

859

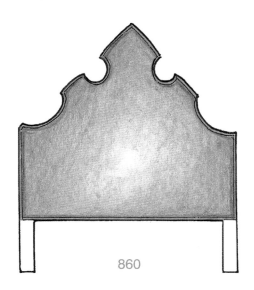

860

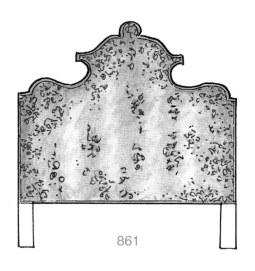

861

862

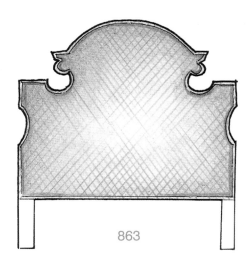

863

864

865

866

867

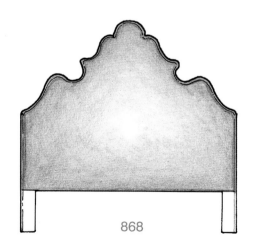

868

869

870

组合床头板

组合床头板由多块面料下带填充物的面板组合而成。每个部分单独软包，并通过在填充部分之间的面料上压线与其他部分区隔。

（1）组合床头板的单独部分在厚度、设计及织物选择方面可以有所不同。

（2）根据所需的效果，组成部分可以是圆角的也可以是方角的。

（3）考虑通过选用不同纹理、色彩和图案，以达成各种变化和效果。

（4）在各部分之间插入装饰性的绳索、辫带、贴边或粗褶饰，以突显每部分的区隔。

（5）将选定部分的面料起皱，可以增加设计的纵深感。

组合床头板

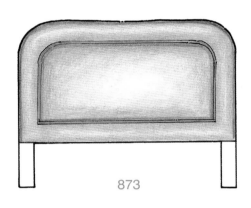

873

874

875

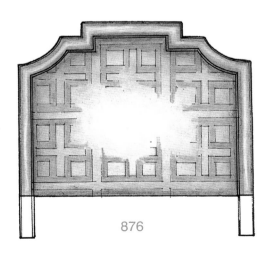

876

877

878

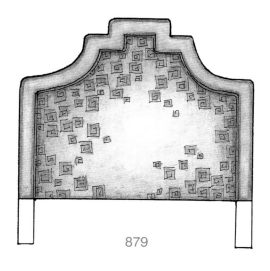

879

880

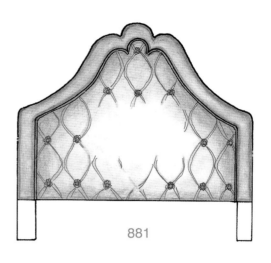

881

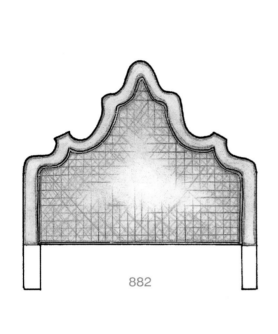

882

883

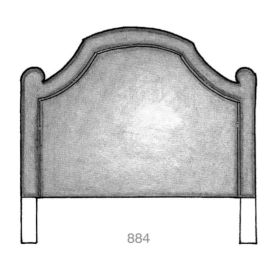

884

885

886

887

888

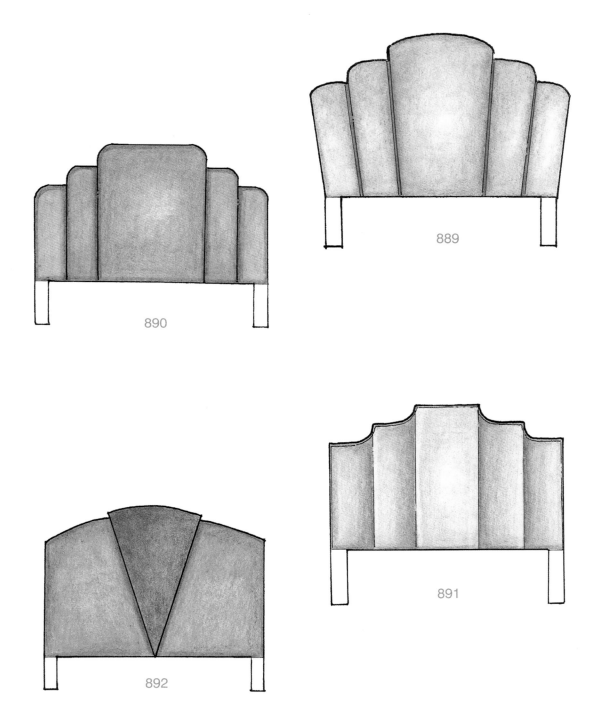

890

889

892

891

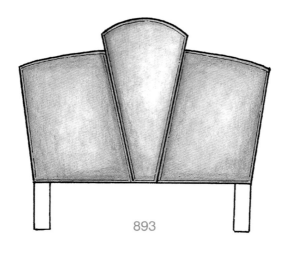

893

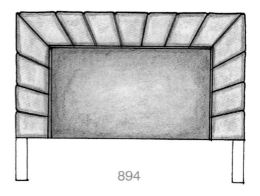

894

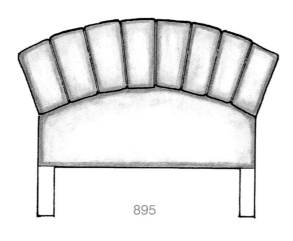

895

896

起皱床头板

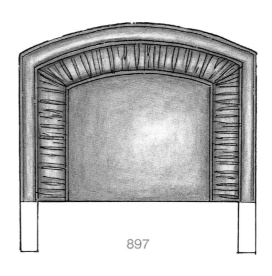

897

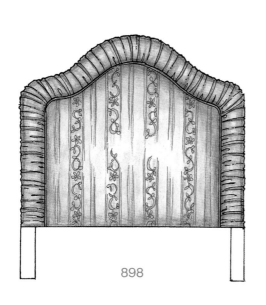

898

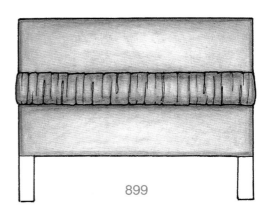

899

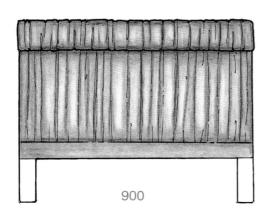

900

拉扣床头板

几乎任何平整的床头板都可以通过拉扣形式来增加设计的纵深感和纹理感。

有三种常见的拉扣方法：

（1）浮动拉扣：一个饰扣被轻轻下拉，悬浮在面料和棉絮的表面上，形成一个浅凹痕。
（2）深按拉扣：一个饰扣被下拉向面料和棉絮，直至接近底板，形成钻石尖状的深簇。
（3）纵横拉扣：将棉絮分成条状，将面料缝合在它们之间，形成一系列纵横的深沟。

拉扣床头板

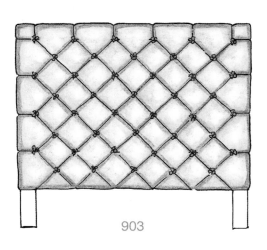

903

904

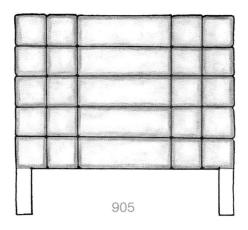

905

906

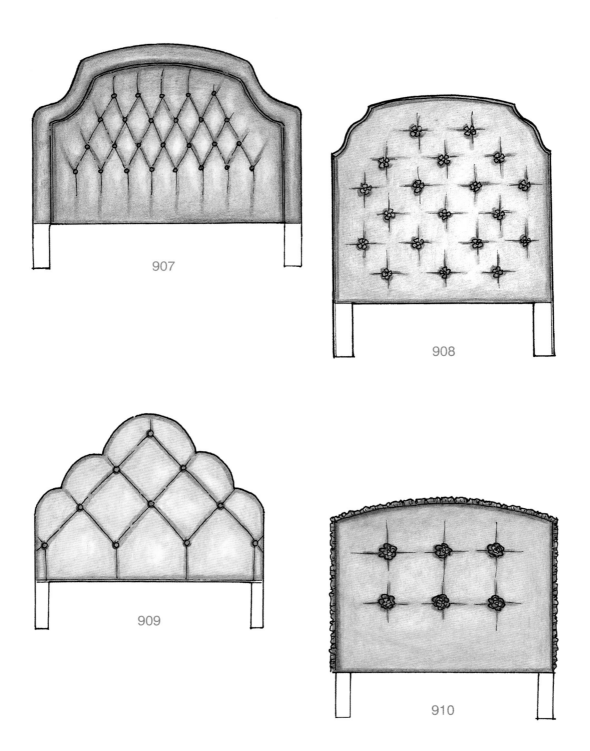

907

908

909

910

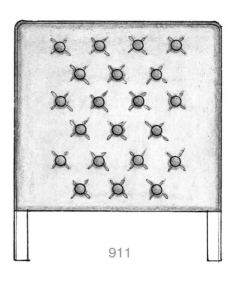

911

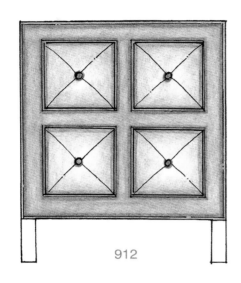

912

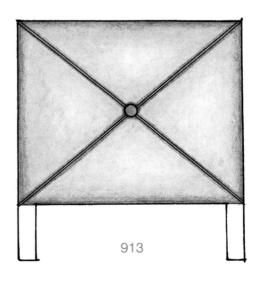

913

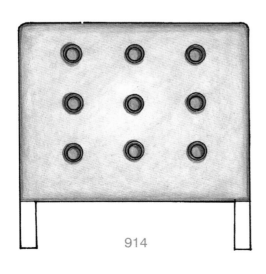

914

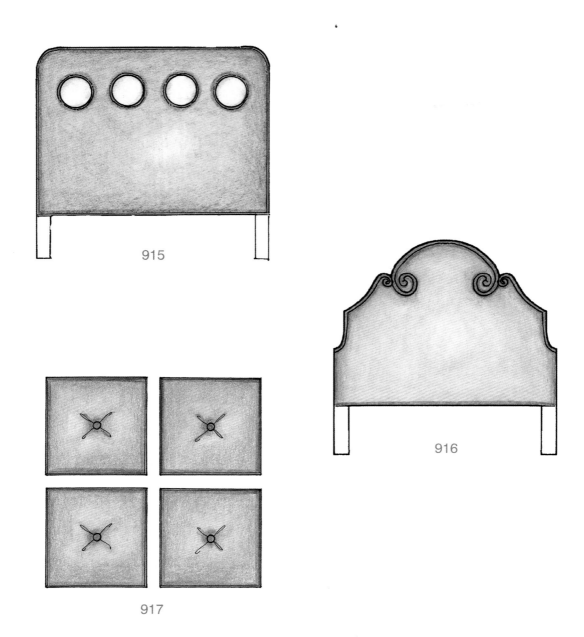

915

916

917

面罩床头板

面罩床头板上配有第二个单独或集成的织物层，似乎悬挂在床头板顶部。

（1）真正的面罩完全独立于床头板，是可以拆卸的。

（2）仿面罩看似是一个单独的面罩，但实际上是固定在床头板上的。

（3）用于制作面罩的面料应在加工前进行预洗和预缩。

（4）当使用浅色或轻薄的面料作为顶层时，请务必考虑下层面料的图案和颜色。

面罩床头板

918

919

920

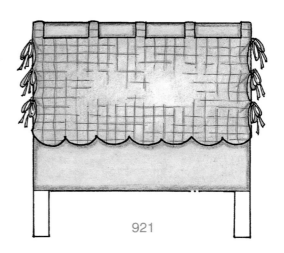

921

922

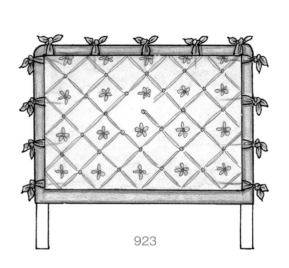

923

924

925

926

927

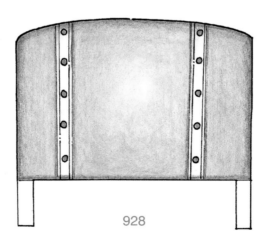

928

929

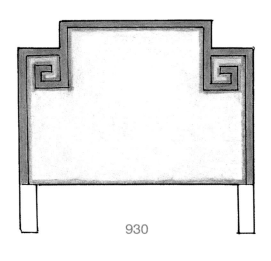

930

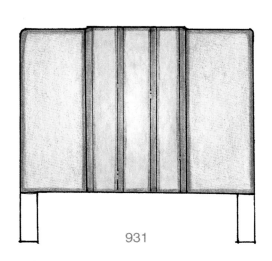

931

932

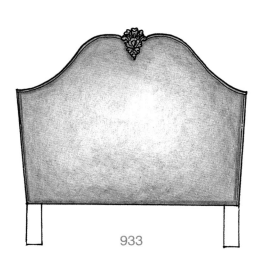

933

934

935

替代床头板

　　设计师最重要的才能之一是能够超越常规，为客户或自己的家园创造真正独特的环境。有很多可以替代传统的床头板的选择，如以下所示：

　　（1）古董大门和房门。

　　（2）框架镜。

　　（3）装饰框架。

　　（4）屏风。

　　（5）挂毯。

　　（6）窗框。

　　（7）软包的软木板或丝带板。

　　（8）彩色玻璃面板。

　　（9）百叶窗。

　　（10）铁格栅。

　　（11）壁纸面板。

　　（12）壁画。

　　（13）墙挂。

替代床头板

艺术

　　传统的日本画板是这张床的一个引人注目的焦点。在床品设计中重复了绘画中的亚洲风图案，在全床宽度的枕头上设置盘扣开口，两端有喇叭形的法兰边。圆形枕头的中心装饰有一块由石材制作的纪念章，而长枕末端则缀有长长的石珠流苏，互相呼应。

936

屏风

装饰屏风几乎可以为任何床榻创造出美妙的背景。简单的经典屏风围绕舒适的床铺，形成一个私人空间。在使用替代床头板时，可以考虑添加欧式装饰枕或长枕，对床头进行额外的补充和强调。

937

装饰框架

　　来自镜子或旧家具的装饰框架可以作为床头板，以形成强烈的视觉冲击。将镜子放在适当位置，或者软包边缘，以增加床头板的温暖感和柔软度。框架也可以用丝带加以装饰。这种风格适用于青少年房间。

938

窗框

　　仿古窗框可以作为基础元件来装饰床头。可以在其后悬挂织物，或者悬挂一个假窗帘。在玻璃后面装裱壁纸，看起来会非常不寻常。还可以对玻璃进行油漆或染色，以搭配床上用品。发挥想象力，就可创造出无穷无尽的变化。

939

百叶窗

  百叶窗有各种各样的形状和大小，仿古百叶窗也在建材市场随处可见。通过采用平板、百叶和组合风格，可以模仿出更昂贵的木质床头板。

940

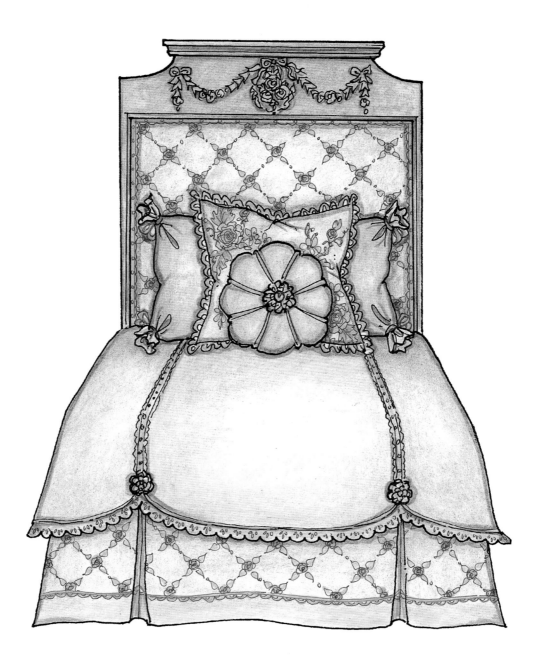

建材

　　许多家具或装修件可以被轻而易举地改装成床头板的框架。图中的这个框架是使用一块旧家具的装饰件制成的，每一边和底部的细框都是新添加的，再将中心进行软包，整个装饰就完成了。

941

铁艺

    装饰铁艺或铁门是创建焦点的独特方式。很多时候可以找到一个符合设计规划的单件，还有一种替代方法是将多个单件组合，以实现所需的尺寸和形状。当然，还可以直接在铁艺加工厂定制自己所需的形状和设计，通常价格都非常合理。

942

床幔

床幔是悬挂于床顶、床后、床上及床侧的织物，通常独立于床体。

床幔几乎可用于任何类型的床：全框架、木质、铁制及软包床，甚至是只有床头板的床或是连床架也没有的普通床垫。

床幔为床铺增添了柔软度，提升了私密性和亲和力。

床幔显得奢华，突显了富贵的感觉。

可以通过床幔为房间添加色彩、图案、纹理和风格。

床幔是一种为建筑增加细节装饰的元素，让平淡的房间熠熠生辉。

床幔是房间里一个不容忽视的焦点。

床幔还可以修饰声音效果，如降低噪声。

床幔是一种有效的可以在大房间中清晰地划定睡眠区域的工具。

床幔种类

床冠式：一个小巧、紧凑的圆形或半圆形装饰框架，可用于悬挂床幔。

床冕式：一体式的软包，半圆形或矩形框架，宽度大于高度，面料挂在框架上形成床幔。

山墙式：硬面，采用三面式或峰起式框架，宽度大于高度，面料挂在框架上形成床幔。

檐口式：采用三面软包框架，顶部开放或不开放，通常接近床的宽度，或和床一样宽。它可以从顶棚悬挂或安装在床后面的墙壁上，床幔悬挂其上。

帘幔式：在床后面使用窗帘五金或其他方法悬挂。帷幔可以连接在顶棚或墙上。

篷幔式：一种类似于具有高低点的帐篷或遮篷的窗帘，通常顶部升起。可以从顶棚悬挂或安装在床后面或墙上。

床冠

床冠是一个小巧、紧凑的圆形或半圆形的装饰框架，可用于悬挂床幔。

(1) 床冠可以与皇冠相似，也可以是其他设计形式，只要求尺寸小。
(2) 全冠是圆形的，各个朝向都很精细，可以悬挂在顶棚上。
(3) 半冠是半圆形的，后面有一个未完成的面，所以必须安装在墙上。
(4) 许多床冠在冠底边缘安装了窗帘环，以容纳帷幔面板。

常见床冠

常见床冠

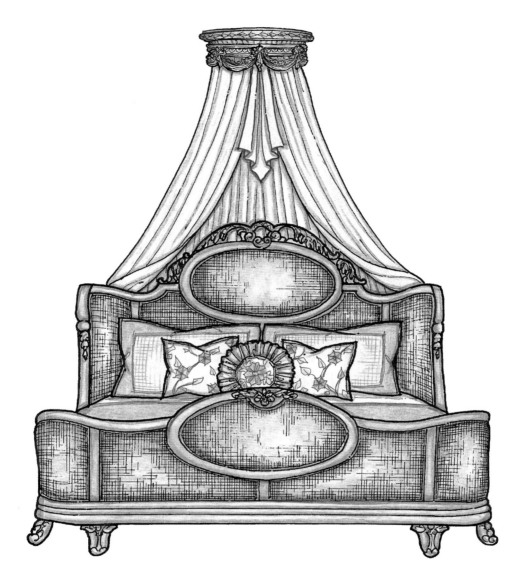

　　悬挂在这个床冠中心的不规则的垂帘重复了床冠本身的样式。床幔内衬采用了有反差的面料，并悬挂安装于床冠内部的帷幔环上。

950,951

短的波幔是这种床冠的焦点。侧片几乎没有包裹住前面，形成了一个开放的床幔。连接在后片前缘的绑带环绕在床头柱上扎成蝴蝶结。串珠饰带使这种传统式样显得别具一格。
952,953

将后片的褶裥固定，形成散开的侧片的背景。床冠周边环绕着长长的流苏穗饰，使其与帷幔融为一体。侧片用窗帘扣收拢。

954,955

全冠床冠安装于顶棚，支撑着四条独立的帷幔，顺着四根床柱垂下。帷幔固定在床柱顶端，一直垂到地板上。

956,957

简单聚集的帷幔在床冠中央重叠，从而增加了帘幔的立体感。皱纹褶边被用作轻薄面料的前缘，突出了其柔和的波纹，使帷幔效果更佳。
958,959

帷幔的设计灵感源于床冠的形状。中心的小波幔突显了弯曲的边缘。而侧面帷幔从曲线的较高点展开，也强调了这一弯曲的特点。为了平衡后部帷幔的比例，侧面的帷幔被收起的位置高于一般位置。

960,961

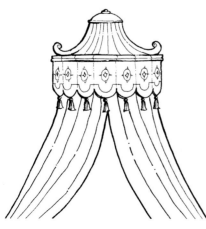

虽然帷幔设计得非常简单，但依然可以产生吸睛的效果。这款单片式帷幔镶嵌在集成于床冠中的帘杆上，展开后固定在带有大流苏的隐形帘扣中。

962，963

套杆帷幔的顶端有长荷叶边，悬挂于铁制床冠上。顶部下方的前缘装饰了单层有反差的褶边。与之匹配的帘扣营造出浪漫的氛围。

964,965

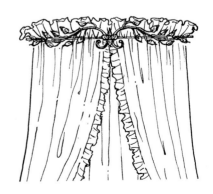

金属床冠

金属床冠或檐口是装饰性锻铁或铸铁框架，可悬挂床幔。

（1）与传统圆冠不同，金属床冠通常是平的。

（2）通常使用L形支架安装在墙上。

（3）从墙壁伸出的距离通常可以调整。

（4）面料可以直接挂在金属床冠上，也可以挂在背面，采用何种方式取决于个人的喜好和选择。

（5）金属床冠可以单独使用或与其他配合件组合使用。

金属床冠

两条帷幔顶部各带有一个单独的波幔，用签环悬挂于床冠的框架上。一个单独的双重花式被绑在床冠上部的徽章上，增加了中心的高度，增强了立体感，平衡了整体效果。

968,969

　　将水波纹的后部帷幔打褶，每个顶点处缀有双层大旗，以增加立体感。帷幔被绑在墙面上，以便于安装床冠框架的支架。每个大旗底部缀有流苏，以突显其垂坠的线条。

970,971

这个床冠使用一条自衬的围巾或长织物作为帷幔，与弯曲的支架相匹配。使用装饰辫带制成的环圈挂在安装床冠的墙壁支架上，并将帷幔拉起。装饰辫带的长度与垂波纹的宽度相同，挂在墙壁支架上的流苏装饰着最后一个垂波纹。

972,973

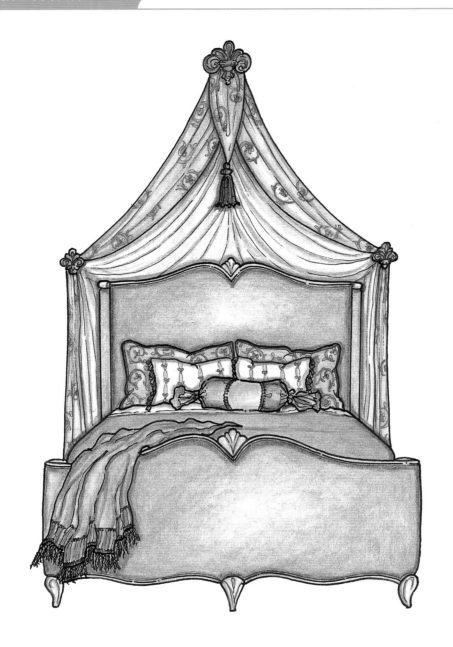

该设计由四个独立的部分组成：中心聚集的小旗；侧面两个重叠的皱缩帷幔，并且以帘扣收束；另外一个独立的后部帷幔密集抽褶，位于小旗和侧片的交点之上。将后部帷幔安装在尽可能低的位置，可以使其在顶部具有最大可能的宽度，从而使褶皱面更具立体感。

974,975

床冕

一体式的软包，半圆形或矩形框架，宽度大于高度。面料挂在框架上形成床幔。

（1）传统的床冕可以安装在墙壁或顶棚上。

（2）床冕框架必须与墙面齐平。

（3）床冕宽度要窄于床宽。

（4）床冕形状可以是半圆形或矩形。

（5）悬挂于床冕的帘幔只是装饰性的，没有实用功能。

（6）床冕内部和突起部分应精细加工，并以适当的面料作为内衬。

（7）侧面和帘幔应使用相互协调或相互反衬的面料。

（8）无里衬的轻薄帷幔应以法式缝缝合，使外观看起来精细、专业。

（9）在设计大型床冕或山墙时，请确保墙面和顶棚具有足够的承重力。

床冕的变形

传统床冕的变形包括：

百褶：传统的床冕造型框架覆盖着百褶的面料。

皱纹：传统的床冕造型框架覆盖着皱纹面料。

垂波纹：传统的床冕造型框架覆盖着垂波纹面料。

盒式：三面式或峰起式框架，宽度大于高度。面料挂在框架上形成床幔。

篷幔：顶部有额外突起部分的床冕，向后倾斜与墙面齐平。中心有无顶峰皆可。

润色细节

顶片
床冕、檐口或山墙的顶片应以适当的方式完成。

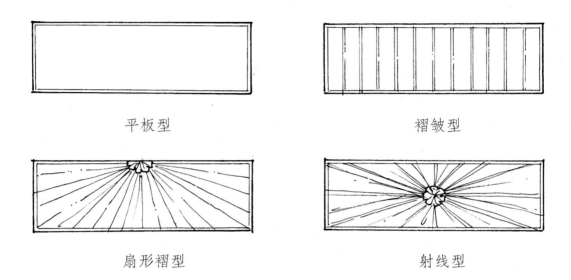

平板型   褶皱型

扇形褶型   射线型

顶片应在面板周边用辫带、线绳或贴边进行装饰。

后片
本书中所展示的许多床幔设计都采用有衬里的面料制成，由其构成床幔的后片和侧片，但在某些情况下需要单独的后片。在这种情况下，后片直接挂到墙壁上，侧片在侧缝处与其连接。

平板型后片   百褶型后片   皱纹型后片

传统床冕

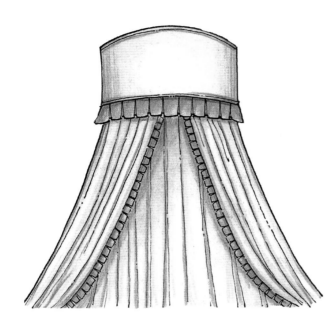

这个半圆形床冕的底部装饰着打着工字褶的有反差的面料。

帷幔和工字褶镶边也重复采用此种面料。用于床冕表面的面料添加了衬里。

975

一排打着碎褶的褶边与这个半圆形床冕的扇形底部的弯曲边缘相接。侧片的扇形边缘也采用相同的褶边装饰。请注意两个褶边的长度不同。很多时候，需要调整褶边的长度或宽度，以便在设计中保持一定的比例。

976

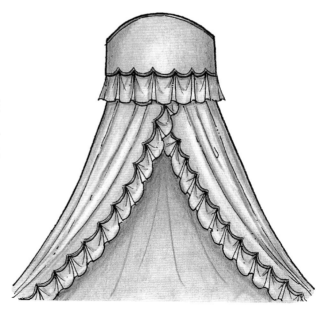

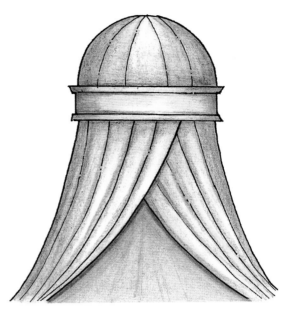

这个独特的床冕有一个木质基
座，顶部装有半圆顶。褶皱的侧片在中
心重叠并拉开以露出平坦的软包背板。
977

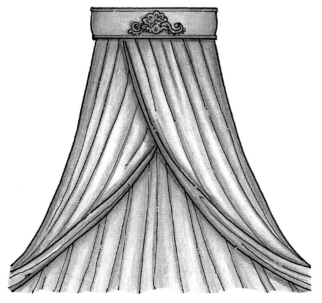

这款床冕设计简单，装饰着铁制
徽章。打褶的帷幔在前缘翻卷，露出
有反差的衬里。
978

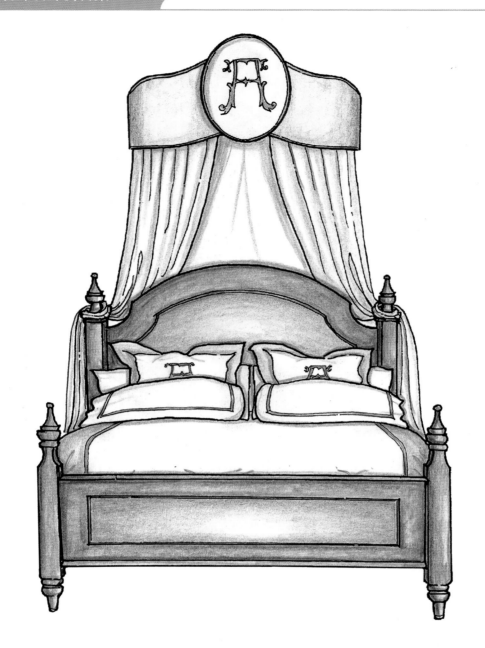

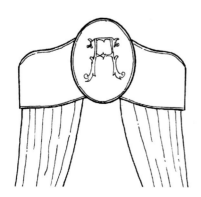

　　中心巨大的徽章是突出床冕的亮点。侧片被卷裹在床头板的柱子上，看起来优雅、闲适。后片是固定在墙上的独立件。搭配的亚麻衬里为这个现代经典设计画龙点睛。

979,980

这款设计采用折中混搭风格，将多种面料和饰边结合在一起。侧片与后片仅在波幔低点处连接，并将它们穿入两侧的帘扣中轻轻提高。剩余的侧片覆盖后片的边缘，看起来浑然一体。要达到这种效果，侧片必须要比后片长很多才行。

981,982

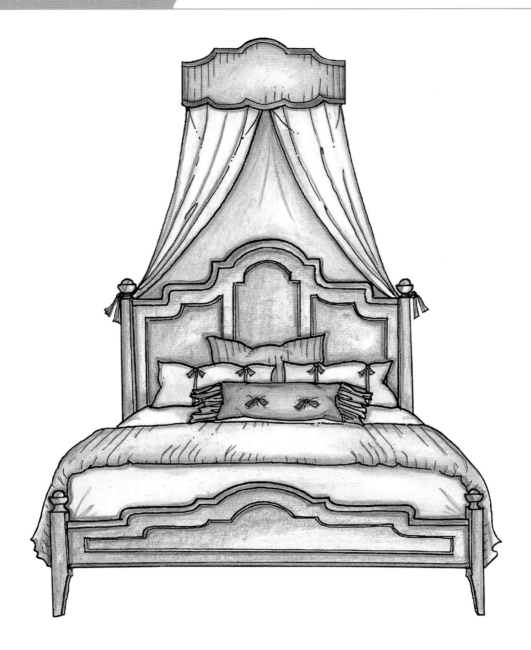

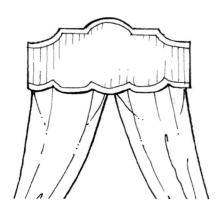

床架上的面板形状是床冕轮廓的点睛之笔。在设计中，重复运用某些形状和图案能够带来平衡感。
983,984

褶皱床冕

有反差的三角形位于床冕的杯状褶皱之间。绑带和下摆的镶边使用另一种颜色的面料制作，以平衡其比例。外侧片和后片采用主要面料制成，而侧片的内里则使用制作三角形的有反差的面料。

985

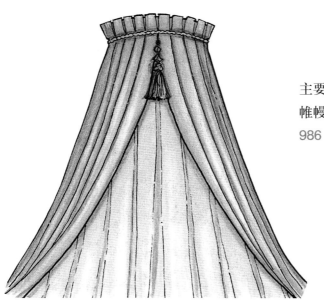

明晰的工字褶是这种简单床冕的主要设计元素。装饰辫带将顶部褶边与帷幔主体区隔开，中心配有大流苏。

986

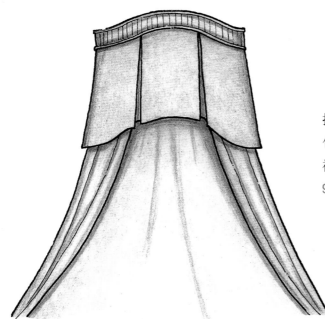

将带有工字褶边的短幔悬挂于床冕的拱形基座上。基座以有反差的面料进行软包，并配有滚边饰边。曲线重复出现于长褶边的下摆中。

987

床冕采用经典设计，简单的工字褶下摆有微小的弧度。侧片中部隔开，从中心两个褶裥的两侧开始悬挂。

988

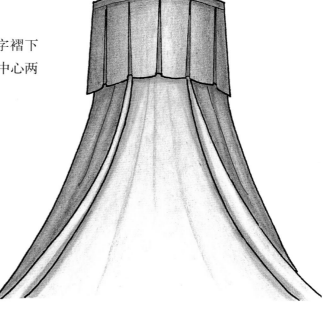

在工字褶顶部以下几厘米处，使用
包扣将褶裥固定。包扣以下的褶裥散开。
989

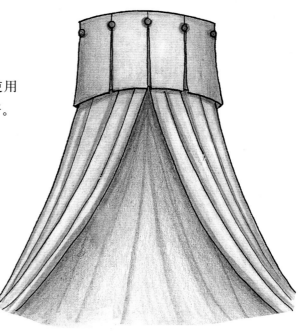

超宽的工字褶床冕的底部为摩洛哥
式边缘，以串珠饰边装饰。侧片帷幔非
常窄小，略包至正面，好似后片的一个
边框。
990

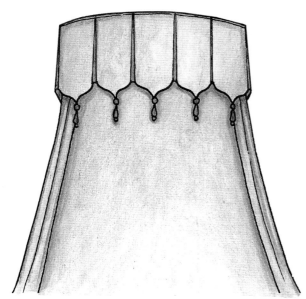

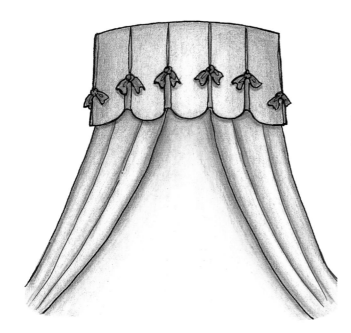

扇形边缘的工字褶自顶部贴边处散开，在床冕长度大约三分之二处使用有反差的绑带固定。侧片位于中心褶裥的两侧。

991

简单的工字褶床冕稍作改变就能显得别开生面。在褶裥边缘安装索眼，穿入线绳并在褶裥底部边缘处扎成蝴蝶结。侧片装饰有反差的边框，依然采用系带风格。绳带在边框中心延续了褶皱的线条。

992

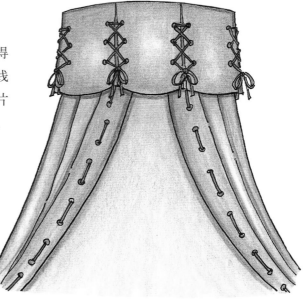

在床冕突起的中部，装饰小旗和长蝴蝶结，
并在后片中沿着同一条线缝制一条深褶，从而形
成一道突出的中轴线。相应的蝴蝶结也同时被运
用于两侧褶皱的顶部，低于中心结，更加突显中
间位置的高度。

993，994

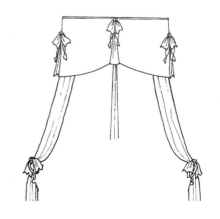

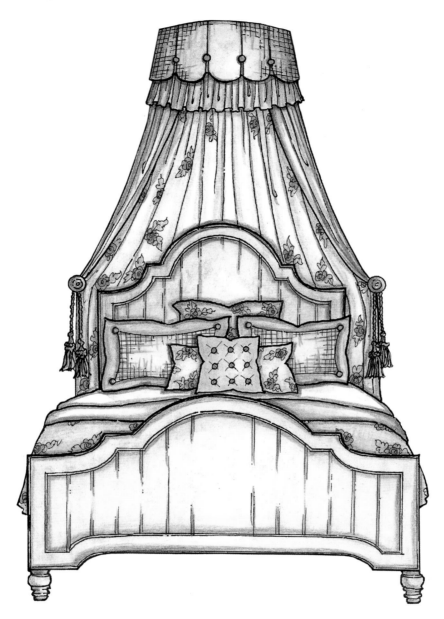

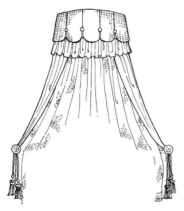

定制的工字褶床冕有一个扇形的下摆和一个碎褶的衬裙，在风格上形成反差。饰扣使用与衬裙相同的面料包裹，置于床冕表面约三分之一处，将内、外两部分固定在一起。

995

床冕表面平整，两侧各有一个深褶，用有反差的绑带系在一起。底部下摆精细剪裁的形状使设计看起来高挑而有趣。侧片翻卷，并随意地塞到床头柱后面。

997,998

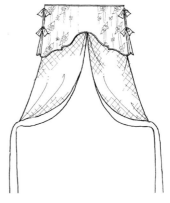

平板幔床冕

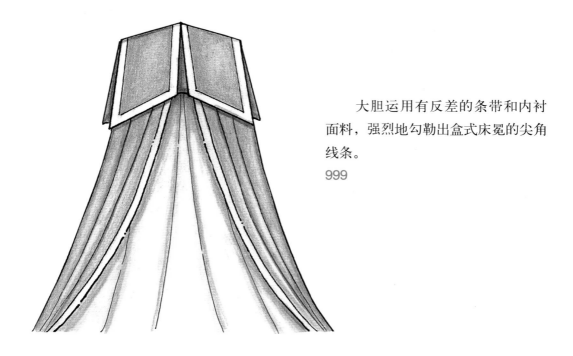

大胆运用有反差的条带和内衬面料，强烈地勾勒出盒式床冕的尖角线条。

999

饰扣是床冕设计的焦点。床冕上有一个中心片，其面料在后片上重复运用。各部分间隔使用不同的面料，增加了设计的反差感和纵深感。

1000

以工字褶顶部又长又直的盒式床冕为基础，边缘使用有反差的面料镶边。顶部较短的部分，强调了顶部的形状。

1001

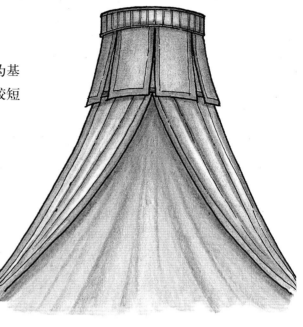

独特的床冕设计由一组阶梯层组成。顶部中间突出。除了层次感的效果外，各部分顶端的尖角都有一种上升的趋势。

1002

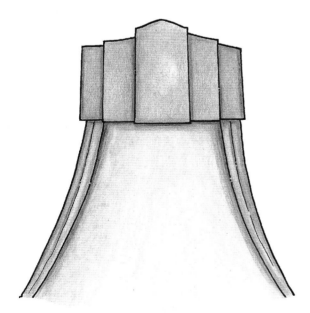

皱褶幔床冕

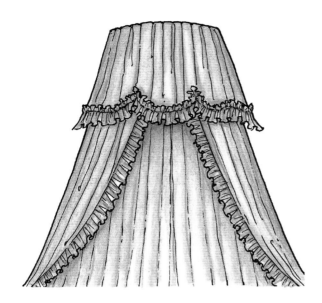

床冕顶部皱缩被隐藏在框架顶板上。聚集的短幔覆盖于上。底部褶边的形状突显双面褶边，并通过侧片前缘的单褶边加强视觉效果。

1003

簇褶的顶部是皱纹床冕的亮点。柔和的扇形下摆使用短褶边装饰。

1004

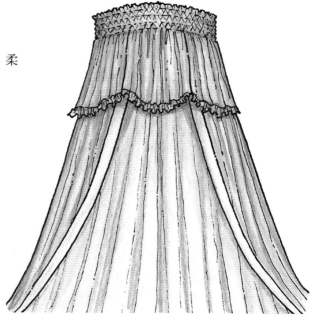

侧片是为了适应大量的面料而设计的，头部采用杯状褶，突显了定制的特点。装饰辫带将两部分区隔，中间位置有醒目的金属皇冠。

1005

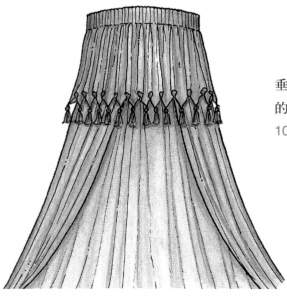

锯齿形下摆是铅笔褶床冕的亮点，并垂坠着流苏。将侧片间隔开，露出有反差的后片。

1006

床冕的圆形前缘的褶边在中间位置彼此重叠。相同的褶边还被应用于床冕顶部边缘及侧片前缘的装饰。绑带穿过安装在侧片的扣眼或索环，以独特的方式将它们拉开。

1007，1008

交替使用不同的面料条带和饰边形成了有趣的设计。第一个条带抽褶，下摆处坠有串珠穗饰；第二个条带平置，顶部饰有流苏；最后的条带为聚集的褶边。在第二个条带上将串珠穗饰重复地运用于帷幔的前缘。

1009,1010

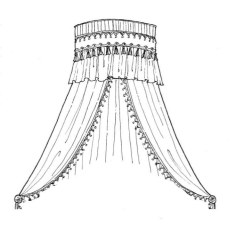

倾斜的轮廓让褶皱床冕看起来独具一格。一排排色彩有反差的鲜明的褶边交替出现，令各部分变化多样又和谐统一。侧片底部宽阔的有反差的面料条带采用同样的方式区隔。

1011,1012

垂波纹床冕

床冕前缘为规则的垂波纹。用有反差的
面料制成的圆角挡片遮挡中间的间隙，并与
侧片的扇形边缘形成自然过渡。扇贝形的边
缘和中心挡片与床冕的垂波纹浑然一体。

1013

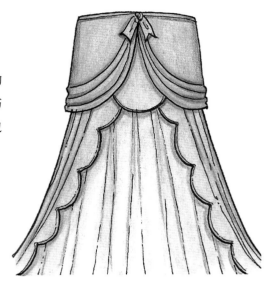

垂波纹短幔悬挂于工字褶基座上。侧
片的前缘在前面折回，露出有反差的衬里。

1014

这款设计形似穆斯林包头巾，装饰纪念章位于顶角之上，形成了峰顶。传统的垂幔填补了中间位置的空白。

1015

垂幔从床冕基座的框架上垂下。基座和垂幔都以串珠流苏进行装饰。侧片覆盖后片，安装于墙壁上。

1016

气球垂波纹在两点被拉起，是床冕设计的亮
点。下摆用穗饰饰边，波幔的两个上拉点使用带褶
的软包帘线装饰，末端坠有流苏。
1017,1018

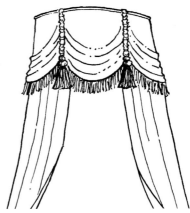

床冕顶部用装饰徽章悬吊着两条开放的波幔。两侧的波幔只有半个,仅一端悬挂徽章。大型贴边修饰着床冕的顶部和底部的边缘。侧片帷幔被拉开,使用与支撑波幔的徽章相似的帘扣进行固定。

1019,1020

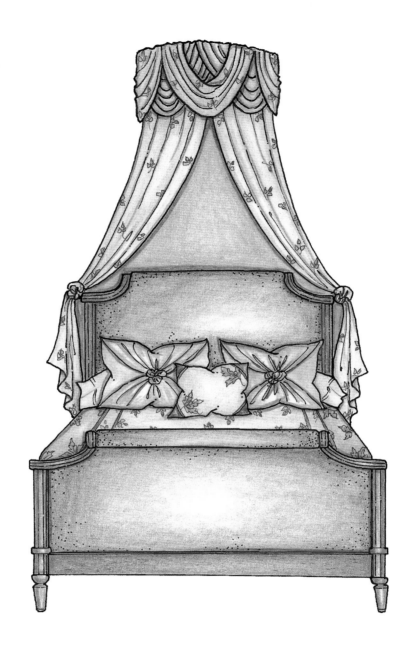

在床冕上，甩幔和有反差的面料的半幔彼此重叠。平整的后片与侧片分开，侧片以陡峭的角度拉开，被固定成一个垂耳，并使用一个结替代帘扣。

1021,1022

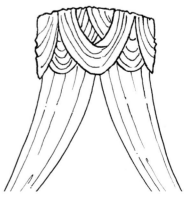

盒式床冕

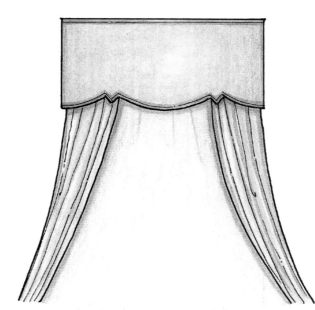

简洁是这款盒式床冕的设计特点，它具有独特的下摆形状，侧片帷幔起始于其长边处。

1023

可以通过装饰辫带、金丝穗饰等饰边加强底边形状。弯曲的设计被金条穗饰和同款的辫带所强调。

1024

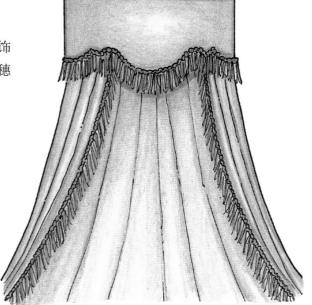

在直线条的床冕上，借助于贴布创建图案和形状，软化了硬朗的线条。

1025

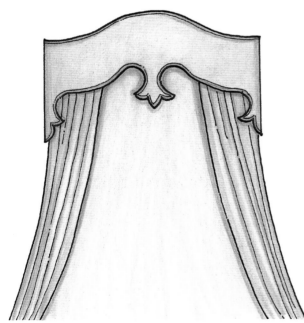

复杂的形状和裁剪样式颇具视觉冲击力，但应始终与房间中的其他轮廓或建筑细节相对应。可以从面料或壁纸的图案及家具和木制品的线条中寻找灵感。

1026

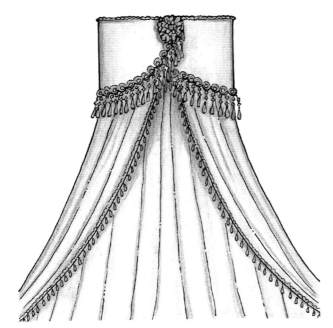

盒式床冕具有直的侧面板和弯曲的前面板。床冕的前缘重叠，并以长串珠穗边装饰。织物玫瑰花簇居于重叠层。

1027

床冕的喇叭边是一种独特的元素。弯曲的底部边缘使用短的有反差的褶皱饰边，相同的褶边重复应用于侧片帷幔的前缘。一条有反差的围巾环绕在床冕前面，扎成蝴蝶结，将各个分散的部件结合在一起。

1028

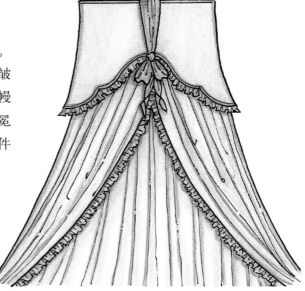

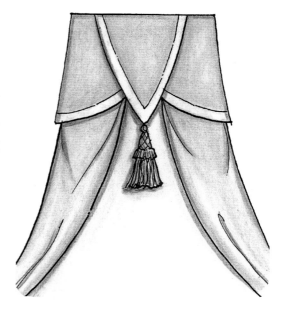

在盒式床冕的基座中间，垂下一片单角的平板幔。有反差的条带统一了各个部分，而单个的大流苏增加了中心点的分量。

1029

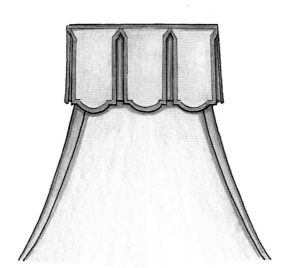

这种形状复杂的设计将床冕基底面料显露出来。有反差的条纹突出了设计的曲线和角度。

1030

辫带可以用来制作复杂的设计和图案，以装饰床上用品。床冕底部边缘的形状由贴花的轮廓决定。这种盒式床冕无需安装侧片帷幔。打褶的后片平挂在墙上。

1031,1032

床冕的顶部和底部边缘是对应的两个明显不同
的形状，从而形成平衡的整体。侧片帷幔的边框和
床冕的表面饰有反差的贴花。

1033，1034

帐式床冕

使用有反差的条带以强化帐式床冕精细的边缘，条带和边缘之间的距离与条带自身宽度一致。条带两边的底布与之形成鲜明的反差，增加了视觉冲击力。正中的深工字褶增添了后片中心的趣味，而侧片只略有一点工字褶。

1035

床冕顶部有装饰性尖顶，侧片向外展开。目光首先会被吸引到中心垂片的突起部分，而后又会被底部边缘的小碎角引回到床上，营造平衡感。

1036

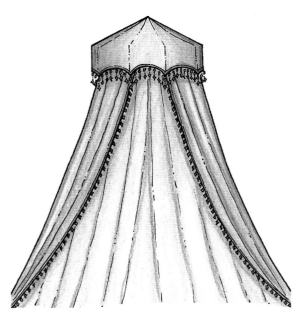

床冕形似一个阳伞，各部分的尖角最终在顶部的中心点汇聚。裙摆也分为多个部分，拱形下摆强化了这种区分。串珠穗饰令整个设计别具一格。

1037

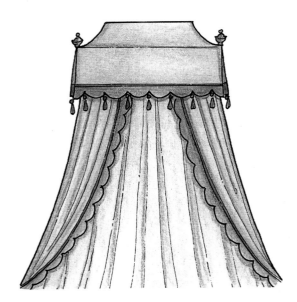

床冕两侧的褶皱上装饰有金属尖顶，进一步突出了倾斜冠顶形成的尖角。扇形边框修饰着底边和侧片帷幔的边缘。每个扇贝形的凹点处悬挂着水晶吊饰。

1038

檐口

三面软包框架，顶部开放或不开放，通常接近床的宽度，或和床一样宽。它可以从顶棚悬挂，或安装在床后面的墙壁上，床幔悬挂其上。

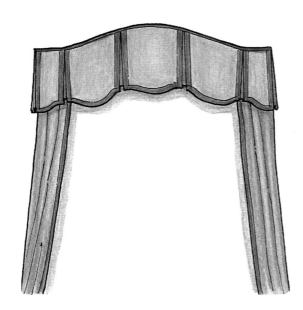

一组平板幔并列于拱形檐口的表面。每个平板幔上的有反差的边框强调了它们独特的形状。侧片帷幔挂在每侧最后一片平板幔的边框上。
1039

拱形的檐口从墙上突起，形成弓形。聚集的小旗增加了设计的立体感和纹理。一条贴边有反差的线贯穿了小旗的褶皱线和檐口的表面。
1040

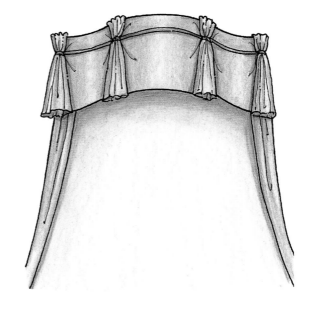

檐口

起伏的轮廓是这个檐口的主要特征。两个经典的波幔在中心的侧面，位于皱褶的侧片帷幔顶部，侧片由帘扣环绕，看起来很随意。单独的后片平垂下来。

1041,1042

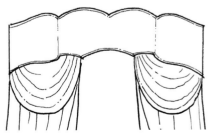

中部突起的檐口轮廓复杂，有反差的波幔和大旗前后穿插悬垂，更显变化万端。仅在波幔中心和大旗的末端使用华丽的装饰，有效地吸引了注意力。

1043,1044

檐口的顶部和底部都有锐利的线条和尖角，位于两侧的大旗为后片镶了边框，张开的波幔在弓形檐口的中心收拢。工字褶后片延续了设计的清晰线条。

1045,1046

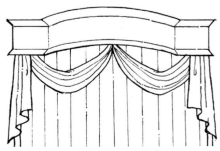

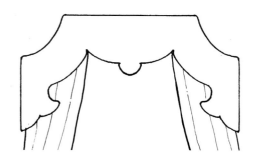

精心设计的檐口实际上是一种垂纬，在檐口的两侧，都延伸出竖直的部分。它的总体规模和形状使得整个设计颇具效果。侧片的前缘从檐口的短点开始悬挂。

1047,1048

盒式檐口的弓形前突在床铺上方。檐口下摆是长且宽的工字褶边。侧片帘幔挂在檐口的侧面板上，在床头周围形成一个框架。

1049,1050

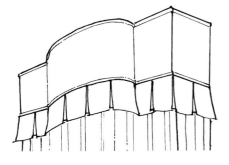

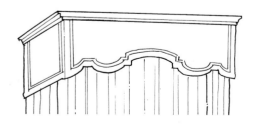

　　木制的檐口在床头的上方伸出，宽度大约是其长度的三分之一。檐口的中心部分使用与床面织物相协调的面料进行软包。

1052,1053

檐口的弯曲和堆叠的部分从平坦的基部伸出，以形成滚动轮廓。全长侧面板仅限于檐口底部的盒装角，而较短的对比围巾则从第一个弯曲部分落下。平背背面可以看到织物上的大幅印刷，且织物不会变形。

1054,1055

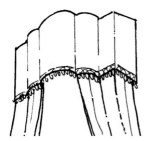

山墙

硬面，三面式或峰起式框架，宽度大于高度。面料挂在框架上形成床幔，遮住床头。

（1）短幔、床帷幔、波幔或平板幔均可悬挂于框架上。

（2）根据设计要求，框架可以安装在墙壁或顶棚上。

（3）框架可以由木材、树脂或金属等材料制成。可以通过绘画、染色或贴壁纸等方式覆盖。

（4）框架背面必须与墙壁齐平。

在大多数情况下，山墙的顶板会被看到，应以适当的方式进行设计、制作。

传统山墙

传统山墙

古色古香的山墙上挂着褶皱的帷幔。帷幔与面板的
整个宽度重叠，并被拉开固定在床头柱两侧。

1061,1062

山墙有精雕细刻的墙架。侧片帷幔顶部为褶皱的扇形，用织带系着，从墙架上悬挂下来。帷幔拉开后用帘扣固定，帘扣的颜色和山墙一样。

1063,1064

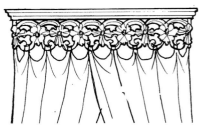

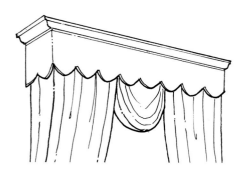

许多典型的山墙由围裙形状的皇冠造型构成。图中所示的山墙有扇形的边缘，并有扇形边框，以配合所使用的装饰面料。侧片帷幔中心的波幔强化了主题。

1065,1066

这款典型的以拱形为中心的山墙悬挂着气球波幔。中央部分由两个重叠的波幔构成。褶皱饰边形成了一个垂直的中心线，突出了拱形的高度。

1067,1068

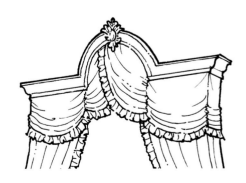

悬挂于简单山墙上的波幔被向上拉起，抽绳被面料包裹着，抽出的部分扎成蝴蝶结。同样的蝴蝶结也被用于床侧，以固定帷幔。

1069,1070

在山墙的设计中选用传统的阿米什钉板——木制榫钉从木质基板向外延伸是一个不错的选择。在这种设计中，打褶的后片被绑在钉子上，钉子之间的面料在顶部形成自然下垂的纹路。

1071,1072

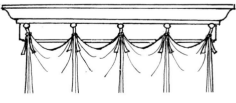

　　虽然这款山墙的设计看上去颇为烦琐，但实
际上只是运用了非常简单的油画外框式的山墙，
并在中心装饰了华丽的徽章。山墙上悬挂着波幔
和小旗，使它看起来非常正式。

1073，1074

帷幔

一个挂有帘幔的床上通常有一片或多片帷幔，平垂于墙面或床的两侧。其中包括短幔、波幔及平板幔等各种样式，只要是沿着墙壁悬垂的即可。

床帷通常使用传统的窗帘五金件来安装，如：

（1）带支架和顶饰的装饰杆。
（2）帘扣。
（3）波幔托。
（4）钩或环。
（5）吊钩。
（6）安装板。

床帷应按照与传统窗帘相同的高标准来加工制作。

帷幔

　　一根保存完好的树枝似乎不太可能作为帘幔杆，但在这款帷幔的设计中，它看起来很完美。树枝通过长长的绑带和顶棚的环进行固定。轻薄的抽褶帷幔被一条有反差的织带收束，织带与将帷幔悬吊在树枝上的织带相同，末端系成长长的蝴蝶结。

1075,1076

镶边帷幔在每个签带处打褶。签带配有魔术贴，可以将其折叠成圈套于圆环上，并固定在帷幔背面。圆环挂在墙壁的装饰挂钩上。

1077,1078

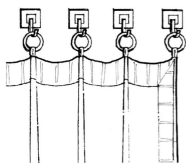

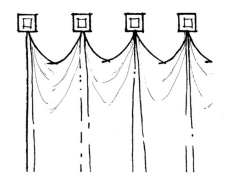

下垂的帷幔在每个挂环上都有一个倒置的褶皱，以增加立体感，并形成一条显眼的垂直线。圈环被悬挂在均匀分布的装饰性方形徽章上，看起来别具一格。

1079，1080

组成短幔的波幔和小旗是这款帷幔的主要设计特点。长的织环将帷幔悬挂于吊钩。然后，织环穿过短幔顶部的扣眼或索环，系成蝴蝶结。串珠穗饰突出了短幔底边的线条。

1081,1082

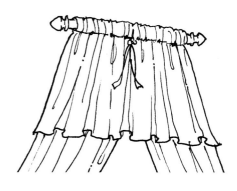

　　顶部套杆与宽大有反差的边框的一体式短幔构成了这款帷幔设计的基本特点。帷幔从套杆处垂下，并拉开以露出有反差的里衬。在短幔中心简单打结的绑带将视线牵引向下，落于床上。

1083,1084

虽然这款波幔的设计看起来很简单，但是在加工的时候，必须进行完善的规划，以达到最终想要的效果。单条波幔被置于杆上，两侧垂下，形成完美的柱状帷幔。

1085,1086

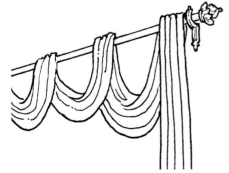

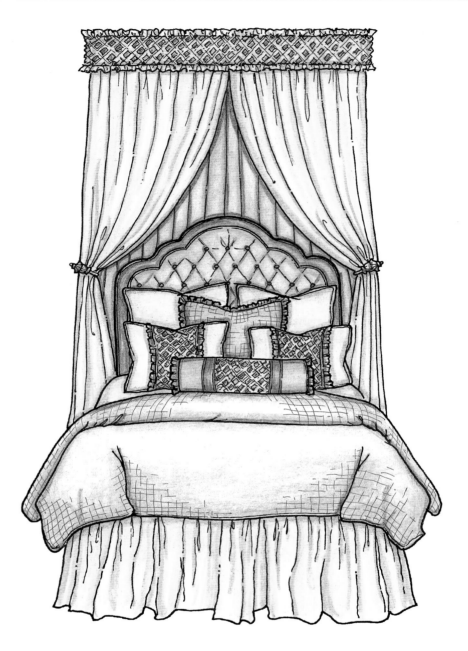

顶部簇褶，上下两边具有褶边，覆盖于直接安装到墙面的板上。抽褶的帷幔侧片被拉开，露出有反差的后片。
1087,1088

与典型的床帷不同，在这款帷幔的设计中使用了挂毯。将同色签环缝在挂毯上，吊挂在装饰架上。

1089,1090

从这款帷幔的设计中可以看出，帘扣不但可以用来收拢帷幔，还可以用来悬挂帷幔。用超长的绑带将下垂的帷幔悬挂在多个帘扣上。玻璃珠坠于每根绑带的末端，以强化装饰效果。

1091,1092

将简单的设计应用于合适之处也能产生很好的效果。例如，把两片带有签环的倒工字褶自衬帷幔向两边翻折打开，固定于装饰结上。
1093,1094

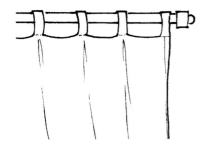

篷幔

篷幔悬挂于顶棚或突出于墙面的窗帘杆上，形成一种类似帐篷或凉棚的效果。

篷幔

篷幔下摆的弧线强化了床铺的线条。在面
板的底部缝制出套杆的口袋，并插入装饰杆。
当采用这种设计时，要注意将装饰杆固定，防
止滑动。

1095,1096

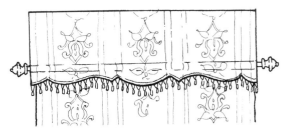

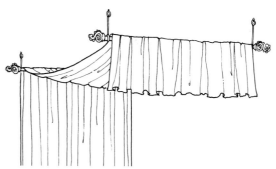

　　两个装饰帷幔杆通过长钩悬挂在顶棚上，承托着单褶的帷幔。帷幔必须被固定在杆上，以防止滑落和下垂。当使用中等重量的面料时，最好在帷幔适当位置缝制杆袋。轻巧的织物可以通过自粘钩环带固定。

1097,1098

使用三个装饰性帷幔套杆来支撑一组平整的帷幔顶片、短幔和后片。篷幔是依靠顶棚上挂着的金属钩环来安装的。

1099,1100

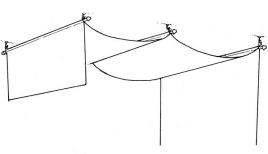

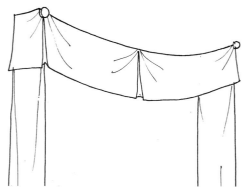

两个突出的帘幔杆将休闲的短篷幔撑
起。短幔的中心是一个倒工字褶，在每个
对角处折叠，颇具灵活性。
1101,1102

这款设计的独特之处在于利用帷幔杆将
蓬幔悬吊于顶棚之上。篷幔是双面的，具有
自衬，帷幔杆的两侧有独立的短幔和侧片。
帷幔挂于圈环上，从中心分散开，在床铺上
方形成帐篷。

1103,1104

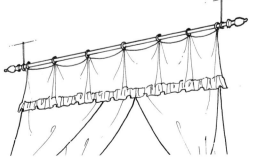

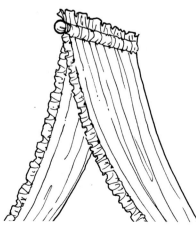

蓬幔的套杆顶部饰有双褶皱边。从墙壁伸出的杆体作为帐篷顶点的焦点。采用这种帘幔杆时，最好使用从顶棚悬吊的渔线来支撑帘幔杆的端部。

1105,1106

天篷床

  天篷床是一种带有床架结构或框架的床铺，悬挂帷幔后可增加床的装饰性和私密性。

  （1）床篷摆放在层高较高、面积较大的房间为宜。须知，床篷可使房间的顶棚高度看起来比实际要低。

  （2）通常用于架设床篷的天篷床和四柱床，在设计床上用品时需要解决一些特殊的问题，例如床罩的四角需要预留开口，设计一体式床裙等。在规划阶段就要设计好床架的所有细节。

  （3）帷幔应添加有反差的面料或互补面料的内衬。如果要使用轻薄的面料，则应使用法式缝和内衣摆边。后片帷幔可以使用标准衬里面料。

  （4）当选用可开合的帘幔时，应使用帘环或轨道，以便操作时平稳、便捷。吊带式帘幔不适合用在这样的设计中。帷幔杆有助于打开和关闭帘幔。

  （5）要预先考虑床篷和帘幔的成品重量，以确保床架坚固，足以承重。

  （6）仅在绝对必要时才使用衬布，因为它会大大增加成品的重量和体积。

  （7）床篷顶盖的下侧应适当加以修饰润色。

  （8）在确定床篷设计和布置时，要考虑顶棚上设备的位置，如空调、吊扇和烟雾探测器等。

床篷类型

（1）全冠床篷。

（2）半冠床篷。

（3）开放式床篷。

（4）帘巾式床篷。

（5）后片式床篷。

（6）凸起式床篷。

（7）顶棚悬吊床篷。

全冠床篷

一个完整的床篷具有传统床篷的所有部件，包括：

（1）床篷顶盖。

（2）床篷布裙或帘盒。

（3）头片或帷幔。

（4）头柱片或帷幔。

（5）尾柱片或帷幔。

全冠床篷是传统床篷，也是豪华的天篷床式样，需要许多面料才能完成。

半冠床篷

半冠床篷具有全冠床篷的一部分、而非全部的组件。

开放式床篷

开放式床篷具有头部面板，以及头柱或尾柱面板，但是没有顶篷。顶棚开放。

帘巾式床篷

不使用传统的床篷部件，而是使用长长的被称为"帘巾"的成品织物装饰。

后片式床篷

后片式床篷将所有的设计重点都放在床头。它可以有头柱板或帷幔、床头板或帷幔，甚至也可以在床头有部分顶篷，但床尾完全空白。

凸起式床篷

凸起式床篷在其顶盖框架周边的上方有一个隆起的中心部分。床的中心比其他部分更向顶棚高耸，使其成为焦点。这种设计形式包括传统全冠床篷的全部或部分组件。

顶棚悬吊

顶棚悬吊的床篷不依赖于天篷床架来搭建其悬垂结构。它有一个独立的框架，悬挂在床铺上方的顶棚上。

床篷顶盖

顶盖下侧的设计与其他床上用品的设计一样重要。顶盖的设计在引人注目的同时，还应注意与其他床上用品保持风格的一致。

平板式床篷顶盖

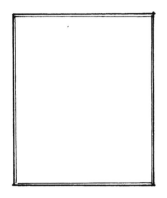

普通面板

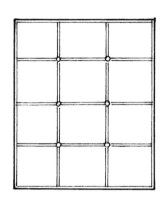

带有饰扣的贴边网格

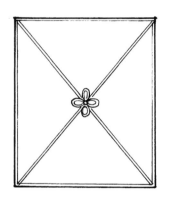

贴边的四分面板，中心带有花朵装饰

褶皱式床篷顶盖

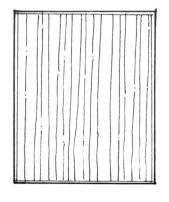

单褶

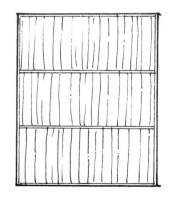

贴边奥地利面板

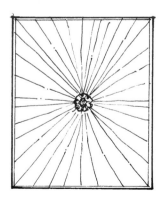

从中央玫瑰花装饰向四周放射

全冠床篷

这款天篷床有一个拱形的顶盖，三面覆盖着皱褶短幔。框架侧边和末端垂下帷幔，绕着床尾柱收拢。床头的侧片仅从框架侧边挂起。床头板后面的顶部框架上则悬挂着款式相同的帷幔。为了装点整个床篷，顶盖下方以一朵大玫瑰为中心，簇褶的纹理向四周散开。

1111

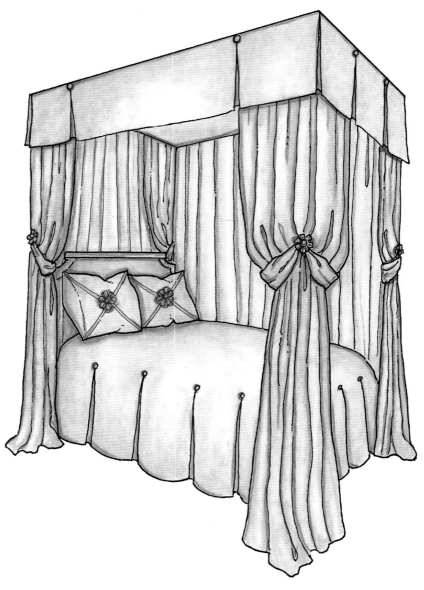

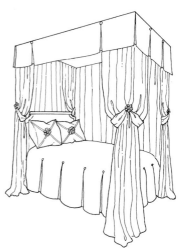

依墙而立的天篷床最宜打造舒适的休闲空间。打褶的短幔从床篷顶盖的前面和侧面垂下。床篷顶幔的褶裥宽度与床柱片的宽度一致，床罩也采用相同的褶裥。侧面帷幔用有反差的帘扣拉开后固定到床柱上，并装饰丝带花，使其在柱后形成反向的垂波纹。

1113

半冠床篷

这款床篷的短幔采用传统的波幔和蝴蝶结相结合的形式。床头板后悬挂着褶皱帷幔。床头柱处帷幔拖地，并用同色的蝴蝶结绑到床头柱上。

1115

工字褶使床篷具有强烈的线条感。后片与顶片从床篷的框架上垂下，形成帘幔。扇贝形镶边与床裙的边框一致。边框软化了工字褶硬朗的线条，并沿用了床架本身的曲线。

1117

波幔和大旗组成了传统的短幔样式。后片从中心向两侧床头柱处分开所产生的垂波纹与短幔中的垂波纹相互呼应，和谐平衡。串珠穗饰边缘颇具新意。

1119

许多天篷床的框架本身非常精巧，几乎不需要额外的点缀。比如，运用皱纹织物装饰顶盖和背板作为背景，从而引起人们对床本身的关注，对框架产生更加深刻的印象。

1121

在维多利亚时代的床篷上，多采用窗帘盒式的短幔，此处的设计便是基于此创新而得。使用简单的条带和有反差的织物来创建图案。精致的饰边和金线被舍弃了，因此帘盒本身的形状就成为了设计的焦点。

1123

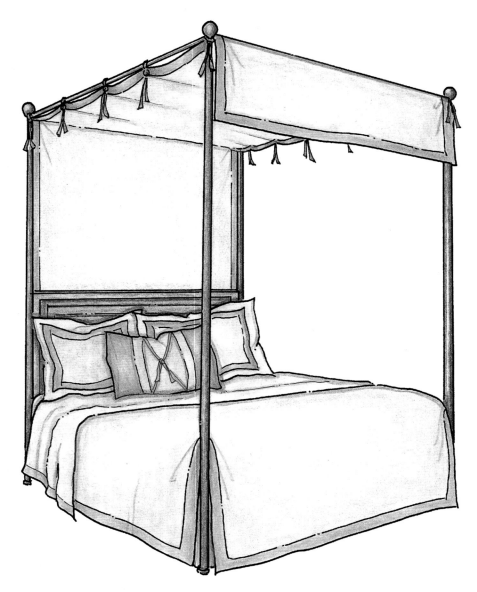

鲜艳的边框是这个设计的亮点。按照床铺的线条来构建床篷的形状,并在各独立部分之间形成一致感。顶篷用绑带系在侧框上,末端从框架尾部垂下,形成短幔。

1125

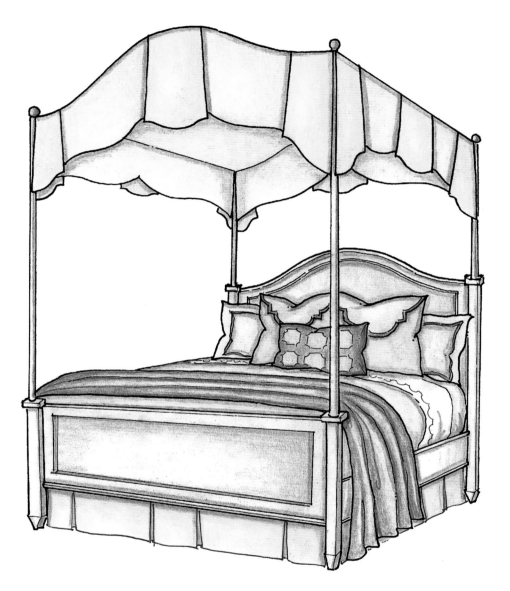

重叠的平板幔映衬着床头板的轮廓，两种颜色相互交替，突出了这款拱形床篷的高点和低点。床裙的褶裥位置与短幔的分片相对应。微妙的颜色变化使用得当，在设计中产生相当强烈的冲击感。
1127

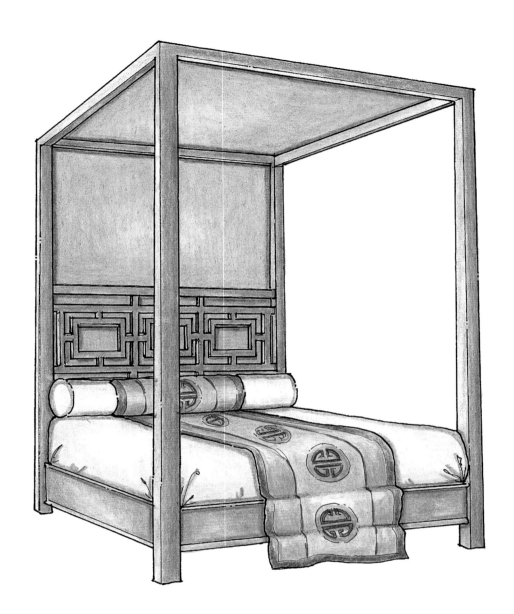

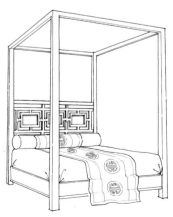

亚洲风格的图案是此款床篷的设计焦点。床篷顶是平整的顶篷，床头也是如此，更加反衬出床头板的复杂网格。床垫中心的活泼贴花从床头一直延续到床尾，直至垂于地面。床头板处的长枕中心也重复这种图案，看上去仿佛与床垫中心的贴花是一体的。

1129

漂亮的天篷床顶部悬挂着密集抽褶的短幔，其下摆为锯齿形。长褶边同样应用于装饰性枕头和床尾的暖脚被上，达到平衡和统一。

1131

开放式床篷

　　清晰的褶裥和纤长的线条营造出一种量身定制的精致感。吊带式的帷幔挂在床的四角，床尾板后挂着同样的帷幔。顶部开放，床铺上覆盖着长褶的床罩。当使用吊带式的帷幔时，应使用自粘式魔术带，并以相同的间隔将其固定在适当的位置。

1133

套杆式帷幔只能在带有可拆卸顶篷轨道的床上使用，因为它们必须穿过轨道。如果想要这样的效果，但选择的床又不适用，可以通过使用孔眼和纽扣来实现，孔眼和纽扣的间隔能包裹住导轨的宽度并平行分布即可。

1135

　　在开放式的天篷床上，打褶的帷幔挂在床架的内侧，帷幔顶部高于框架顶部，成为四角柱头的背景。单独的侧片在床柱前用有反差的绑带连接在一起。

1137

床篷的拖地帷幔顶部抽褶，用有反差的绑带系在框架上，并在末端聚拢。绑带设置得很密，以防止两根绑带间的帷幔下垂。

1139

这款床篷框架有优雅的突起线条，帷幔收束成"主教的袖子"的形式，形成了床柱。每个"袖子"的顶部褶聚集在一起，手工扎制成一个大花球。"袖"内，斜纹带从顶部悬挂所需的长度，抽拢拉起便形成了"袖口"。采取这种方式可以稳定每个套管的长度，并确保整体设计的一致性。

1141

整条帷幔在顶部聚集成锥形，并形成长线条的幔头。帷幔顶部缝有套管，绑带穿入其中，将帷幔紧紧绑在一起，固定于床柱。短幔从绑带上翻折下来，形成长长的荷叶边。帷幔由两种面料制成。底部加入三角形布片，以增加帷幔的立体感。接缝处使用饰边将其覆盖。

1143

帘巾式床篷

　　帘巾随意地悬挂于床篷框架上，简单到极致。一条帘巾从床头的框架一直覆盖到床尾的框架，而另外两条则悬挂于相对的两根床柱的柱头。虽然这种设计看起来很随意，但其实是经过精心布置的，用自粘式魔术贴或其他紧固方法固定，以防止帘巾滑落或下垂。

1145

将烫贴金属带或柔性金属丝缝入面料中，可以实现这种蜿蜒的效果。长长的帘巾围绕着床顶和床柱盘卷。在此处，有两条非常长的帘巾彼此交叉，在床架上缠绕，最终垂在地上。这种设计特别适合手风琴褶或皱纹面料。

1147

　　随意装扮的床铺看起来富有浪漫气息。床篷由一条衬里织物制成，两端反向以一定角度裁剪。手工打结的穗饰突出了边缘的角度。布置好以后，一定要把帘巾加以固定。

1149

这种设计形式虽然看起来是将长帘巾绑在床架上，但实际上是由单独的帘巾波幔和大旗构成的，一系列与床架相连的假结扣将它们组合在一起。使用单条帘巾不可能实现这种外观效果。

1151

这款设计没有沿着床篷突起的拱形线条布局，而是反其道而行，用帘巾形成垂幔，反衬拱顶。帘巾被绑在柱子上，拉起至中心，穿过床篷顶部的一个环后，被束缚在一起，并用蝴蝶结装饰。

1153

床篷的中心处配有一个褶皱的顶部，用魔术贴连接到圆环的内部。四条长长的帘巾分别从中心位置挂起，间隔一定距离，由长布圈和蝴蝶结固定。

1155

后片式床篷

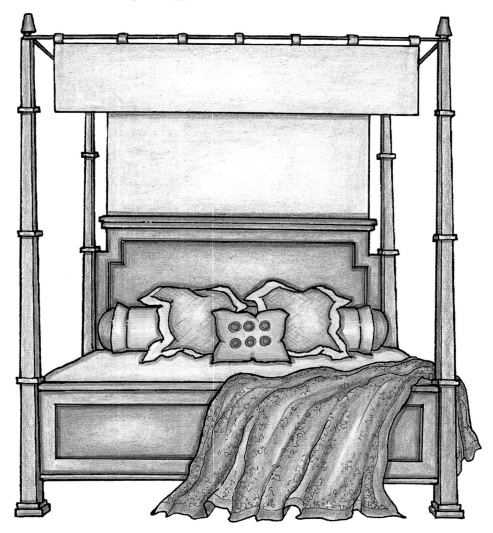

床篷的顶盖由吊带加固并悬挂。顶片另加板材固定以保持其形状，并防止下垂。

1157

独特的床架只有床头处有一个箍盖。带有褶边的双层起皱帷幔搭在箍环两侧，使之看起来有单独的侧片和后片。流苏饰边缘与前片的前缘相接，前片拉开后露出第二层织物。一个大型的流苏悬挂在箍环的顶端。

1159

背片式的床篷侧片有双重短幔，顶部有带褶边的杆袋。一张同色但是单面短幔的帷幔挂在床背后。请记住，很多天篷床帷幔不能使用套杆悬挂。当修改此设计方案时，可去除褶边顶部，改用绑带、圈环或系扣吊带挂起帷幔。

1161

在帷幔顶部相等间隔处安装帘环，将帷幔
悬挂于床篷框架。帘环应固定在适当位置，避
免经常拉动。侧片垂落在床两侧的地板上。
1163

使用长绑带将软垫绑到床头板处。与之相配的面料同时被绑于床后及床架侧枋和尾枋处。后面板应牢固地固定在床头柱的两侧，防止产生间隙。可使用自粘式魔术贴加以固定。

1165

凸起式床篷

　　将八片独立的轻薄面料聚集并缝合到这款凸起的床篷的顶部。后片部分很长，拉向床头柱，形成垂波纹后绑于床头柱上，其余部分垂落在地板上。前片被绑在床尾柱上，但是裁剪成大旗样式，挂在床尾柱顶部。当使用轻薄的面料时，务必以法式缝缝合，使外观看起来更加专业。

1167

凸起式床篷具有与"主教袖子"相似外观的
侧片。起皱的织物覆盖在床篷框架上并固定在床
柱上。帷幔的特定长度被聚集成束,被绑在适当
的位置,并使用长绑带扎成花朵装饰。一个独立
的褶皱顶部连接到中心吊环的内部。

1169

顶棚悬吊床篷

在顶棚悬吊的床篷顶缝处加入金属丝，以保持其锋利的线条，防止下垂。侧片在床的四周成对分开，并绑回到床柱。床篷顶部悬挂短幔。
1171

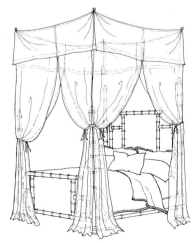

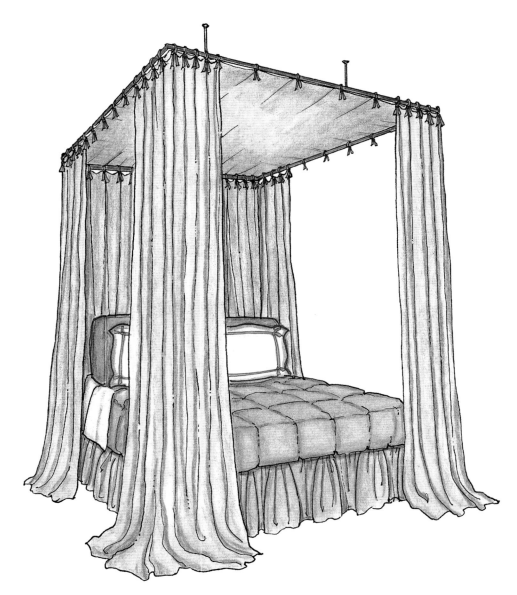

独立的金属框架是床篷的基座，使用短带绑在平整的顶片上。侧片和后片被绑在框架上，垂落至地面。
1173

床篷由一个隐藏的木制框架支撑着，安装在顶棚的吊架上覆盖着起皱的织物套筒。床篷短幔上的贴布形成有反差的边框。侧片下摆处有同样的贴布带。

1175

床篷透光通风，聚集的短幔和侧片顶部缝有斜裁织带，四角形呈长环状，长环挂在顶棚的吊钩上。帷幔在四角收拢。

1177

沙发床

沙发床白天可当坐榻，晚上可当床铺。

（1）大多数沙发床是为了容纳标准的双人床垫和床箱而设。

（2）沙发床的框架通常被设计成横向倚墙而放的样式。

（3）沙发床可以搭配传统的装饰床品，也可以搭配一些更适合休息而不是睡觉的配件，这取决于沙发床的使用方式。

（4）古董沙发床可能需要定制尺寸的床垫或坐垫。

（5）许多沙发床可以容纳一个独立的有脚轮的矮床，收纳于框架之下，拉出后可再供一人睡卧。

常见组件

（1）沙发床底座两端各配侧面板或扶手。

（2）支撑床垫的底座或平台。该底座通常包括额外的腿或脚来支撑。

（3）后面板既用于固定床垫，也用于背部的支撑和倚靠。

沙发床

古色古香的法式沙发床，搭配软包坐垫，而不是床垫。沙发床的背后悬垂着一条帘巾，挂在一根杆子中央，向两侧打开，形成甩幔，并固定在与帘杆同款的帘扣上。

1181

铁艺沙发床静静地立于房间的一角，一群飞鸟环绕守护。长长的帘巾挂在鸟形树脂基座上，营造出活灵活现的景致。沙发床由传统的床铺构成，枕头缓冲了铁艺框架的硬朗感。

1182

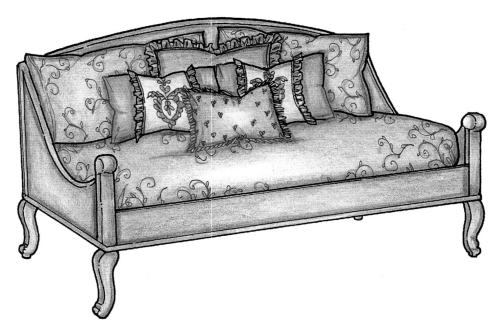

在为矮扶手或无扶手的沙发床设计床上用品时，务必使用不易从沙发床上掉落的大型枕头。另外可以添置一些较小的枕头，以增加多样性。

1184

沙发床的扶手线条硬朗，使用鼓胀的长枕作为配饰，增加了舒适度。其他的枕头则用于支撑背部。

1185

　　沙发床的尖拱后背板与悬挂在其上方的檐口遥相呼应。床边有褶皱的裙边，床上覆盖着羽绒被，一些蓬松的枕头可为人的背部提供稳固的支撑。整体看起来豪华又舒适。

1186

　　古董铸铁床架可能需要定制的床垫或坐垫。座位上覆盖着古香古色的沙发巾，并配有各式各样的装饰枕头。

1188

　　采用围绕床垫的框架时，可以考虑使用类似于床笠、底部以松紧带收口的床垫罩，以方便铺床。

1189

这款带篷沙发床不需要更多画蛇添足的装饰。简单的帘巾或自衬面料打结在顶篷的中心冠顶，延伸到每个角落，在角落处再次打结，使帘巾垂落于地面。大型长枕可在床垫的两端提供支撑。

1190

匹配的床冕框架挂在这个雪橇形的沙发床上。框架垂挂着带尖角的工字褶短幔。长帷幔悬挂在沙发床两侧，垂落于地面。

1192

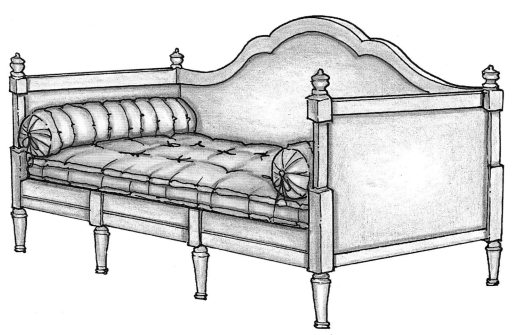

手工拉扣的床垫和配套的枕头使传统的沙发床呈现出乡村风格，使其充满闲情逸致。
1194

沙发床的床罩前盖在每边都有两个工字褶，上面装饰着丝带蝴蝶结。蝴蝶结同样运用于靠枕的设计上。
1195

颇具亚洲风情的沙发床，轻薄的蚊帐从顶棚的天然竹竿上垂下。蚊帐顶部在每个圈环间都略微垂下形成波纹，增加立体感。床垫上有紧密贴合的床罩，并配有超大的枕头装饰。

1196

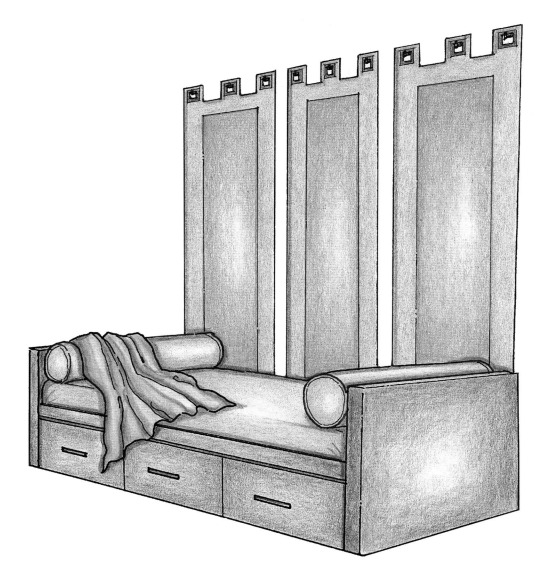

颇具现代感的沙发床，被挂在它后面的三
个带边框的面板衬托着。面板的每个大签耳上
都配有方形的索环，以便将面板挂在装饰性挂
钩上。

1199

　　古色古香的带篷柳编沙发床，床篷的顶盖覆盖着一个扇贝形边的短幔，在每个褶裥的顶部有用丝带结成的四叶草图案。工字褶同时也被应用于床垫边缘和抱枕之上。抽褶的帷幔后片和侧片垂落在地板上，营造出豪华、舒适的休闲空间。

1200

　　柜橱式框架形似一个壁龛。框架的内部装
有褶皱的帷幔，开口两侧的帷幔可以合拢，起
到遮蔽和保暖的作用。位于开口两侧的长枕末
端拖着长尾，悬垂在床垫旁边。

1203

这个沙发床用轻薄的面料来营造床篷的视觉冲击力。顶盖前后覆盖着工字褶短幔，侧面帷幔悬挂在框架的两侧，垂落在地面上。一张不规则的床单覆盖了床垫，大量的枕头用于支撑人的背部，使人倍感舒适。

1205

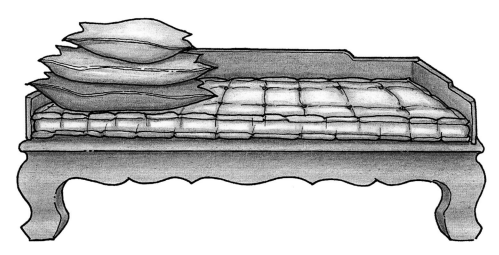

将枕头堆叠，而不是将它们用来当做沙发床靠背，这样看起来相当具有现代感。

1206

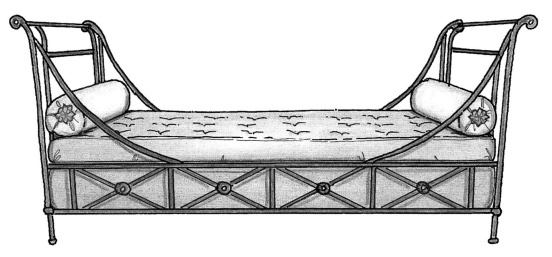

有时候，特定床品越简单越有味道。这种复古风格的床品简洁、明朗，无需繁复的
装饰。

1207

沙发床上的帘帐由固定在床背上的铁架支撑。平整的帘巾挂在框架上，并用长蝴蝶结捆在一起。打褶的床裙装饰着床的前脸，长枕的长尾悬垂于床垫外。

1209

　　这种沙发床架适合放置在房间的一角。斜坡侧面板与靠背在角落的高点聚合在一起。长枕沿着床的侧面和背面摆放。床后一角悬挂着帷幔，顶部系着丝带，自然下垂形成深深的波谷。丝带系在安装于墙面的徽章上，扎成长长的蝴蝶结，将帷幔挂起。

1211

全软包沙发床两侧是一对帷幔面板。帷幔上方有套杆袋，袋顶装饰着褶边。帷幔悬挂于短短的帘杆之上，形成褶皱。帘杆两端有装饰杆头，与安装套杆的支架款式一致。

1213

最后润色

细节是创造美丽床品的关键。

以下元素很重要：

（1）贴边。
（2）饰带。
（3）花环。
（4）徽章。
（5）绑带和蝴蝶结。
（6）功能性紧固件。
（7）装饰性紧固件。

紧固件

许多床品组件需要装饰性或功能性紧固件作为整体设计的一部分。紧固件的类型和款式的选择可以显著提升设计的外观。

普通紧固件
（1）纽扣。
（2）蝴蝶结。
（3）绑带结。
（4）玫瑰形花样。
（5）徽章。

紧固件可以是设计的功能性元素，也可用于纯装饰性目的。

功能型应用
（1）拉扣。
（2）将表面固定在一起。
（3）将组件固定位置。
（4）创建开合功能。

装饰型应用
（1）创建焦点。
（2）引入色彩和纹理。
（3）建立节奏感与平衡感。
（4）制造假的开合口。
（5）装饰线缝和集束点。

确保这些元素使用强捻线缝制，且缝制时已经多次打结。这样会有效防止使用时松动或脱落。

使用墨迹可消失的织物标记笔来标记位置，即使个别饰物脱落，制作物表面也不会留下明显的痕迹。

硬质纽扣

布包纽扣

0155

0156

绑带结

0157

0158

0159

0160

0161

0162

蝴蝶结

0163

0164

0165

0166

0167

0168

简单花样

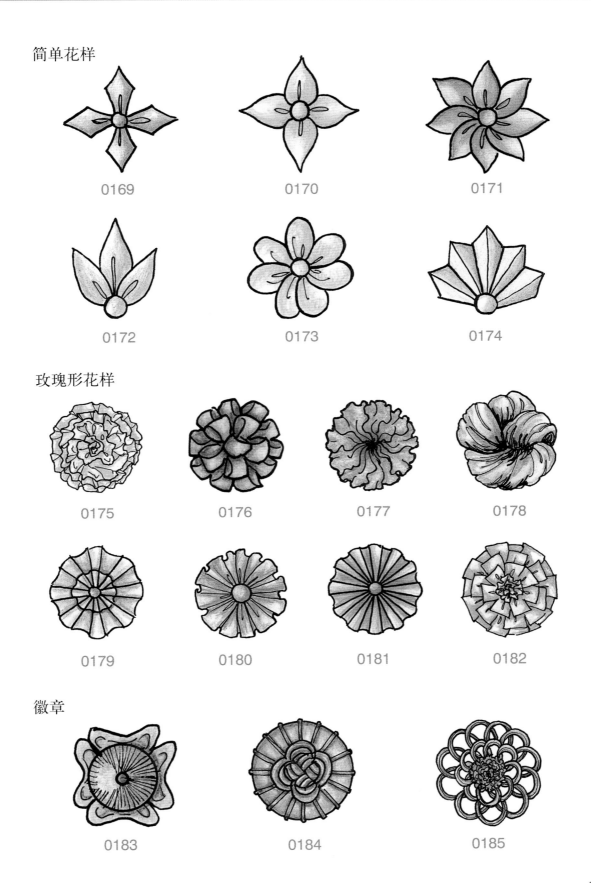

0169

0170

0171

0172

0173

0174

玫瑰形花样

0175

0176

0177

0178

0179

0180

0181

0182

徽章

0183

0184

0185

边缘选择

物品的边缘细节会引人注意。添加一个有趣的边缘可以为整个设计设定基调。

穿过纽扣孔的罗纹丝带

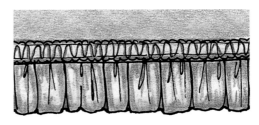

带有装饰花边的抽褶荷叶边

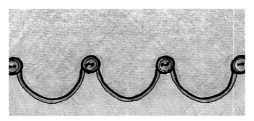

缀纽扣的倒扇形叠加层

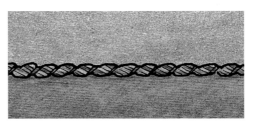

带边线的对比条带

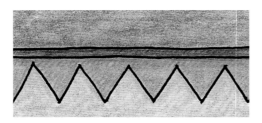

叠加层和平贴边的
对比条带

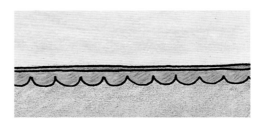

带扇形叠加层和贴边的对比条带

交替穿插的丝带和蝴蝶结

以圆形纽扣为中心的花卉贴花

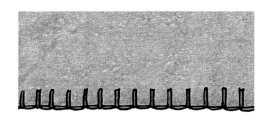

锁缝线迹包边

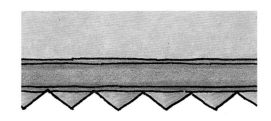

带对比条带和双重贴边的锯齿边缘

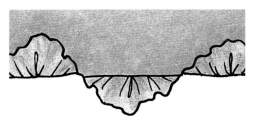

扇形手风琴褶褶边

缀有玫瑰形花样的扁带或丝带

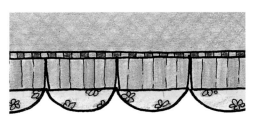

扇形边，带反向工字褶褶边和贴边

带锯齿形条纹的直边和之字形
交替边缘

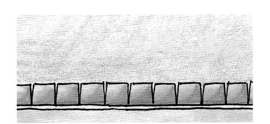

倒工字褶皱，带有贴边和对比条纹

带有开口和色带环纹的褶皱

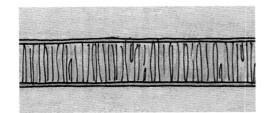

贴边平纹蕾丝

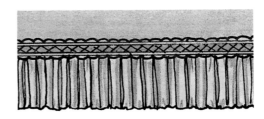

有贴边的扇形边带和有贴边的
对比褶边

有对比贴边的皱纹带

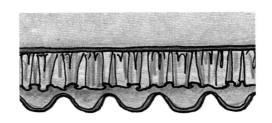

带辫形装饰的抽褶褶边

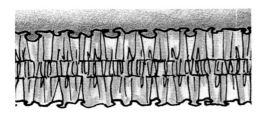

中心抽褶的双层褶皱

有贴边的锯齿形斜边刀褶皱边

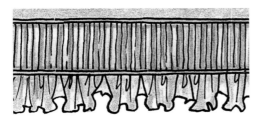

有对比贴边和皱纹带的褶边

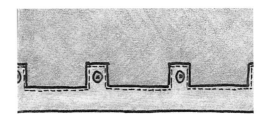

有压线线迹和装饰纽扣的造型条带

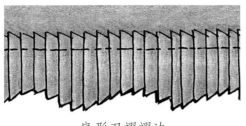

扇形刀褶褶边

带贴边和辫形饰带设计的扇形丝绒

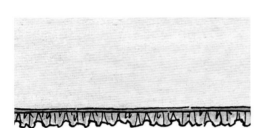

带对比贴边的小褶边

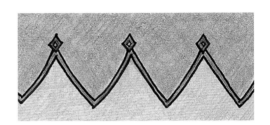

有对比贴边和贴花的造型叠加层

加入有对比贴边条带，丝巾从纽扣孔
中穿过

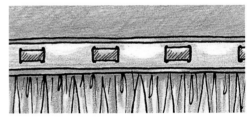

丝带穿过条带上的纽扣孔，两侧边缘
均有贴边，底边有褶边

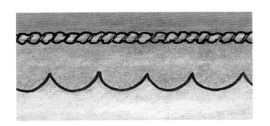

有扇形叠加层和边线的对比条带

绣花丝带，倒工字褶褶边

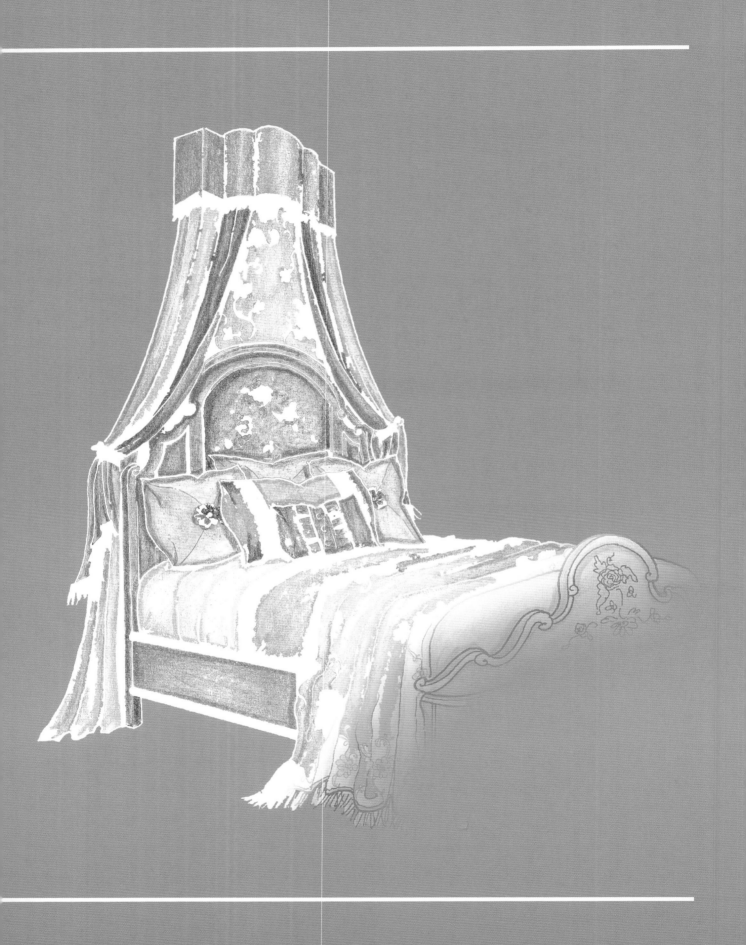

工作室

工作室是专门生产定制软装用品的专业企业。有些工作室既为设计师提供服务也为普通公众提供服务，而有些则是专为设计行业而服务的。以下提示有助于有效地与工作室进行合作，以实现预期的效果。

（1）反复与工作室核对面料用量。他们的加工方法可能有你不了解的额外用量。确保万无一失，好过最后一分钟才发现材料短缺。

（2）了解所选工作室的独特标准。如果他们的标准选项不符合设计要求，需提前确认首选方案。

（3）应与工作室专业人士讨论、沟通设计理念，因为他们可能在降低成本方面有很好的建议和技巧，可以应用于设计之中。专业人士也可能会阻止你犯一些代价高昂的错误。

（4）绘制出设计的比例图，以显示设计整体的规模和占比。无需精工细制，只需在2.5厘米×2.5厘米的方形图纸上以1：4比例素描即可。

（5）为工作室提供一个专业工作表，其中包含标有色号的设计尺寸图及完整的各项规格。

（6）标记你的C.O.M.（客户自有材料），并在至少两个地方清楚地显示你的联系信息和加工要求，以避免失误。

（7）标明自己的产品。在线订购制衣商标签，注明自己的姓名和联系方式，并要求工作室将其缝合在产品上。这种方式类似时装设计师的做法，让未来购买产品的家庭知道设计出自谁手。

（8）大多数工作室以非常专业的方式运行。可以向工作室索要营业执照副本和责任保险证明，并保留。这将确保客户的合法服务，并且让工作室提供保障。

工作表

完成了全部设计，并选定了所有用于制作的材料之后，必须将设计方案清楚有效地传达给合作的工作室。

（1）提供详实的信息。

（2）始终使用相同的工作表格，以便工作室逐渐熟悉你的习惯。

（3）有些工作室会主动提供现成的工作表系统，通常是他们已经应用娴熟的。

（4）始终亲自查看每一份工作表，并让工作室签名。

（5）提供详细的尺寸图，关键数据要标示清楚。

（6）图纸需用不同颜色标注、批注。

选择不同的荧光笔颜色来标注设计中用到的各种面料和饰边。用荧光笔将图纸上相应的面料或饰边着色。这样，工作室一目了然，免除了语言障碍，更容易理解图纸。

（7）只要条件允许，尽量避免将面料或饰品直接运送到工作室。最好自己接收货物，不直接将货物发送至工作室，确保正确无误，并检查是否有残次品。一旦产品被剪裁，就无法退货了。为了避免产生高昂的代价，麻烦一点是值得的。

（8）加工制作期间，要定期走访工作室，询问有何问题，看看工作进展。工作室致力于生产出无差错产品，失误会消耗双方的时间和金钱，良好的沟通是避免失误的关键所在。

做好让步的准备。很多时候，设计方案在图纸上看起来很棒，但在现实中并不能如图纸所示那样精确地制作。如果工作室告诉你，设计方案需要修改，通常都是事出有因，不得已而为之。

定制床品工作表

工作表编号：

电话：　　工作室：

客户：

电话：　　房间：

送到：　　取件：

面料1：

面料2：

面料3：

装饰1：

装饰2：

欧式枕套： 数量：　尺寸：　填充物：　款式：
正面：
背面：装饰：　边缘：　贴边：

枕头饰套： 数量：　尺寸：　填充物：　款式：
正面：
背面：装饰：　边缘：　贴边：

枕头饰套： 数量：　尺寸：　填充物：　款式：
正面：
背面：装饰：　边缘：　贴边：

羽绒被：被子： 数量：　尺寸：　长度：　宽度：　填充物：
封口：　羽绒被绑带：　纺缝／被芯：
款式：
正面：边缘：　长度：　款式：贴边：　面料：装饰：

床裙： 数量：　尺寸：　边缘：　款式：

备注：

图样：

图样：

图样：

软处理工作表

客户：		电话：		工作表编号：
电话：	房间：	窗户：		送达：
数量：		工作室：		取件：

| 帘巾挂架 | 外延： | 绑带： | 环： | 杆栏： | 托盘号： | 拉环： | 绑带： | 扣针： | 安装： |

| 长度： | 宽度： | 翻边： | | 左/右： |
| 外延： | 冠： | | 宽度： | 外延： |

硬件：

备注：

| 面料1： | 码数： | 面料2： | 码数： |

| 装饰1： | 码数： | 装饰2： | 码数： |

| 衬里： | 码数： | 衬布： | 码数： |

定制室内装饰工作表

| 客户: | 房间: | 位置: | 工作室: | 采购单号: |

| 电话: | 送货: | | 地址: | 送达日期: |

| 数量: | 部门: | 风格: | 电话: | 完成日期: |

面料1: 码数: 面料2: 码数:

装饰1: 码数: 装饰2: 码数:

图样:

坐垫: 靠垫:

填充选项: 填充选项:

钉头装饰: 簇绒:

贴边: 饰扣:

备注:

深度: 长度: 靠背安装: 座椅安装: 扶手安装: 坐垫安装:

座位宽度: 扶手宽度: 半径: 角度: 椅脚: 椅腿:

C.O.M.

C.O.M.是"客户自有材料"的缩写，专指未由工作室或制造商提供的、而属于你或你的客户的面料、装饰或硬件材料。

（1）在多个位置清楚地标记你的材料或C.O.M.。C.O.M.标签如下图所示，并将面料裁下一小片装订到标签上，以防其松脱。另外制作一份带标签的材料留底。

（2）工作室默认面料正面向布轴内侧卷裹，通常面料从工厂发货时确实如此。如果所购买的面料，恰好是折叠或翻卷到外面，一定要清晰地标注出哪一面是正面，并在工作表和C.O.M.标签上记录。

（3）辫带、条带、气球、丝带和线绳等装饰物都有正反面之分。如果区分不清楚，一定要加以明确说明。很多时候，多色金线和穗饰从不同面看起来截然不同。每一面都有一种颜色的装饰物看起来更加突显。务必将所需的那一面标记为正面。

（4）要求工作室始终保留未使用的面料和装饰。可能会在以后派上用场，也可用于

```
┌─────────────────────────────────┐
│          客户自有材料标签          │
│                                   │
│  设计师：_____      │
│                                   │
│  工作：_____      │
│                                   │
│  房间：_____      │
│                                   │
│  工作订单号：_____      │
│                                   │
│  采购订单号：_____      │
│                                   │
│  供应商：_____      │
│                                   │
│  图案：_____      │
│                                   │
│  备注：_____      │
│                                   │
│  _____      │
│                                   │
│  _____      │
│                                   │
│  _____      │
│                                   │
└─────────────────────────────────┘
```

分包商协议

与分包商（如工作室和安装人员）的工作应与其他业务相同。应该签署一份书面协

分包商协议

本合同由_____和_____于____年____月____日，在其主要营业场所_____签订该协议。自签订之日起为期____月。

双方就以下事宜达成共识：

1.需完成的工作。分包商应根据公司签署的书面采购订单进行工作并提供具体规定的材料。除非书面变更，否则不得进行其他工作。

2．付款。公司应在收到客户付款凭证30天内付款，用以支付分包商已完成的工作。如果客户对所完成的工作或分包商提供的材料不满，则分包商付款应相应调整。

3．工艺。分包商所做工作与所提供的材料必须保证质量，符合交易标准。公司单方判定工作与材料是否符合要求。

4．保险。分包商应取得并维持保险，以避免可能因其雇员的工作而产生的任何索赔，例如：
   a．任何及全部工人的赔偿索赔；
   b．任何工伤索赔；
   c．任何由工伤或财产损坏导致的损失；
   d．任何由车损导致的索赔。

以上所需保险应不低于合同中规定的责任限额或公司要求的责任限额，总计1百万美元。

保险公司：_____   保单号：_____

5．独立承包商，与公司合作的分包商应为独立承包商。

6．分包商与公司以外的其他人士独立建立其_____业务。

7．分包商不可与公司客户直接交易，向其提供服务或产品。所有投标必须由公司提出。此条款适用于近期及未来任何投标或合同。

以兹证明，签约方在前述日期签订此合同。

承包商_____   公司_____

地址_____   电话_____

营业执照编号（类型）_____   期限/续订日期_____

词汇表

立衬：通过缝纫将被身面料分隔成的三维腔体，可保持填充物的饱满及均匀分布。它最大程度地减少了填充物的移动和迁移，使被子更加舒适、蓬松。

床架：一种典型的金属框架，可独立于床头板和床尾板，用以支撑床垫或床箱。

床柱：位于床头或床头及床尾的装饰柱。不一定支撑床篷。

床枋：位于床顶部，连接两侧床边条的木质或金属栏杆，用来固定床垫和床箱。

床裙：从床架或床箱边缘垂落到地面的一条或多条织物，用来遮盖床架与地板之间的间隙。

斜裁：与布料经纱呈45度角的裁剪法。这种切口赋予面料更好的垂坠感及更好的波浪曲线。剪裁前应先查看面料的印花。有些竖式印花斜裁后非常美观，有些则不然。

混纺：将两种或多种不同类型的纤维混合在一起织成的独特布料，例如聚酯纤维与棉混纺后，比纯棉织物更加保暖，且不易起皱。

刷布：在机织织物整理过程中，通过梳理提高织物的毛绒感，给人一种柔软的感觉。法兰绒即一种起绒织物。

床篷：通过床围栏悬于床架上方的顶棚状结构。

床篷冠：床篷结构的顶层部分。

脚轮：安装在床柱或床脚下的轮子。

床中支脚：大型床具床枋下的附加支撑部件，在中央为床垫及床箱提供额外的支撑。

腔：在枕头、被子及其他羽毛填充结构中，"腔"指在整体中通过缝纫分隔出的空间，内部填充羽绒或羽毛，与其他填充物隔离，颇具支撑性。

弹簧数：床垫内弹簧圈的数量。

弹簧线径：床垫中使用的弹簧钢丝直径。

C.O.M.：客户自有材料。

梳理：从棉花中去除所有短纤维和杂质的纱线制备流程。精梳纱优于普梳纱，更为紧凑、平整。最好的棉织物均由精梳纱制成。

舒适层：在弹簧层面中填充泡沫、衬垫和纤维等以加强缓冲，也称为"衬垫层"。

棉花：遍植于世界各地的一种植物种子纤维。纤维长度是决定棉花质量的主要因素。顶级棉花有埃及长绒棉、顶级皮马棉和皮马棉。

克里诺林裙衬（硬衬）：一种大尺寸或浆硬的织物，用作帷帘褶皱的底衬。

平纹（"填料""纬纱""纬线"）：织物中垂直于布边的丝线。平纹织物较轻薄。

床冠：床篷上隆起的顶盖。

裁剪余量：在测量基础上，为褶皱、帘头等预留的附加量。

剪裁宽度：需要加工的织物总宽度，包括褶皱和任何其他预留。

羽绒：鸭和鹅胸部羽毛下方柔软、蓬松的绒毛。

羽绒被：以鸭绒或鹅绒填充的被子。

垂坠性：某种织物悬垂时形成流畅曲面的能力。

错位对花：当沿幅宽方向穿过印花直线剪裁时，其中的图案无法在布边完美地拼接，就需要进行错位对花。在垂直方向，错开图案的一半高度，花形重复才能匹配。因此，需要预留额外的剪裁量。每次裁剪要增加一半的花位。这种情况在壁纸中也会经常出现。通常（但不总是）在样本书中指定为错位对花。

被芯：内部填充合成或天然纤维的被囊。

被罩：像信封一样的织物罩，被芯或被子可套入其中。被罩可以保护被芯，并延长其使用寿命。

染料批次：同时印染的一批织物。每完成一次印染，织物都会以一个新的染料批次进行分类。不同染料批次的织物颜色不同。在产品对颜色匹配度要求很高时，要尽量减少订购不同的染料批次。

埃及棉：最长的棉纤维，仅在埃及种植。

制造：将原料制成成品的过程。

面料：面向大家的装饰性织物。背后是衬里。

贴边：面料缝合后产生毛边，翻转至背面则形成光边。帘幔的垂巾有时用斜纹贴边呈现角度对比。

羽绒床褥：一种填充鹅或鸭羽毛及羽绒的织物腔囊，可置于床垫上作为床垫罩。

羽绒床褥套：用以隔离身体油脂和污垢、保持羽绒床褥洁净的信封型护罩。

蓬松度：每一克羽绒所占体积立方厘米的数值。

柱头：支撑床篷的床柱顶端装饰性的盖子。

整理：织物处理流程，用来防止产生水痕和褪色。

床笠：紧密贴合床垫的床单。底部下摆有弹性。

阻燃面料：不会燃烧的面料。它有可能本身就阻燃，即用阻燃纤维制成，例如聚酯纤维；或者它可以被处理成阻燃体，这通常需要改变纤维，使得织物变硬。

被单：也称为"顶片"，铺于床笠之上，通常包裹着床垫两侧和底部。

床尾：床尾是床的一部分，位于床脚上方。它是床的基础，通常面向房间。

床尾板：位于床尾的坚实的或镂空的面板。

尾柱：位于床尾的床柱。

法式缝：一种隐藏缝隙的缝合方式。常用于薄纱面料。

布纹：织物中的线的走向。可为横向或纵向。

半位错位对花：图案在与布边水平方向重复的时候下降一半的高度。当需要在帘盒、波圈、褶皱等处保持相同的设计或图案时，应在剪裁时仔细考虑对花因素。通常在样本中指定为错位一半。

手感：织物的触感。

床头：指人躺在床上时头部所倚靠的部分。它像是床的锚，通常靠墙放置，或摆放于焦点位置。

床头板：位于床头的坚实的或镂空的面板。

头柱：位于床头的床柱。

花饰线迹：常用于亚麻布下摆处线性或装饰性针迹。

内置弹簧部件：组成床垫核心支撑的线圈单元。

乳胶泡沫：由天然材料复合而成，通常用于增加柔软度和缓解压力点。

直纹：织物中平行于布边的织线。织物在直纹方向最强韧。

起绒：纹理或设计形式保持同向的面料，如灯芯绒或天鹅绒。通常起绒织物会因观察方向的不同而呈现出不同的外观。因此使用起绒织物时，应在裁剪和缝合时注意保持纹理的方向一致。

开放式结构：指没有立衬或绗缝的棉被。被囊内的填充物呈松散状。

花距（又名"花位"）：相同图案在给定长度间反复出现。花位可以是水平方向的，也可以是垂直方向的。

高级密织棉布：紧密编织的平纹织物，支数通常达到180支或以上。高级密织棉布手感柔软、清凉、轻盈。

起球：织物表面松散脆弱的纤维磨损后，形成球状颗粒。未经精梳工艺处理的棉布及混纺面料容易出现这种状况。

枕套：功能性保护罩，用以防止枕头脏污及磨损。

枕头护罩：一个紧密贴合枕头的保护壳，通常一端带有拉链封口。用于防止枕头脏污及磨损。

传统式枕套：装饰性的枕头套，四周封闭，背面有开口，可将枕头装入。

床基：床垫或床垫及床箱的基座。

预缩：在制作床上用品前洗涤和干燥面料，以避免加工后面料缩水。

正面：织物的印染面，即产品的成品面。正面通常色彩鲜艳，加工精细。

垫脚：用于抬起床架以增加床的高度。

线缝：将两块织物缝合在一起形成的接缝。

缝头：连接织物时预留的缝合部分。

布边：织物展开方向的边，编织紧密，固紧纱线。

床边条：床头板与床尾板之间的固定支架。

直纹：织物的纵向丝线平行于布边。

经纬密度：每平方厘米面料中经线和纬线的数量。

织物厚度：织物距离正反面的最小值。

记忆海绵：能感应体温和体重的合成材料。

致谢

感谢我的丈夫阿尼，女儿安吉丽卡和两个儿子JT和大卫，有了他们的鼎力支持，我才能完成这本书。感谢我的姐妹朱莉、维奇、特鲁迪和瓦鲁里，以及我的好友丹尼斯和蒂姆。